Norhan Saleh

Papel da biotecnologia na nutrição de peixes marinhos

AF667215

Norhan Saleh

Papel da biotecnologia na nutrição de peixes marinhos

Conceitos, ferramentas e aplicações

ScienciaScripts

Imprint
Any brand names and product names mentioned in this book are subject to trademark, brand or patent protection and are trademarks or registered trademarks of their respective holders. The use of brand names, product names, common names, trade names, product descriptions etc. even without a particular marking in this work is in no way to be construed to mean that such names may be regarded as unrestricted in respect of trademark and brand protection legislation and could thus be used by anyone.

Cover image: www.ingimage.com

This book is a translation from the original published under ISBN 978-3-330-65241-5.

Publisher:
Sciencia Scripts
is a trademark of
Dodo Books Indian Ocean Ltd. and OmniScriptum S.R.L publishing group

120 High Road, East Finchley, London, N2 9ED, United Kingdom
Str. Armeneasca 28/1, office 1, Chisinau MD-2012, Republic of Moldova, Europe
Managing Directors: Ieva Konstantinova, Victoria Ursu
info@omniscriptum.com

Printed at: see last page
ISBN: 978-620-8-38513-2

Copyright © Norhan Saleh
Copyright © 2024 Dodo Books Indian Ocean Ltd. and OmniScriptum S.R.L publishing group

Papel da biotecnologia na nutrição de peixes marinhos

Conteúdo

Introdução

A biotecnologia é a utilização de processos, organismos ou sistemas biológicos para fabricar produtos destinados a melhorar a qualidade da vida humana. A Convenção sobre a Diversidade Biológica define a biotecnologia como "*qualquer aplicação tecnológica que utilize sistemas biológicos, organismos vivos ou seus derivados, para fabricar ou modificar produtos ou processos para uma utilização específica*" (Subasinghe *et al.*, 2003). Os primeiros biotecnólogos eram agricultores que desenvolveram espécies melhoradas de plantas e animais através de polinização cruzada ou cruzamento de raças. Nos últimos anos, a biotecnologia expandiu-se em termos de sofisticação, âmbito e aplicabilidade.

Globalmente, prevê-se que o consumo de peixe como alimento atinja 165 milhões de toneladas até 2030. Uma vez que as pescarias de captura selvagem estão agora a aproximar-se da exploração total em todo o mundo, uma grande parte deste aumento terá de provir da aquicultura (Singh *et al.*, 2008). A aquicultura é o sector alimentar de mais rápido crescimento no mundo, com um papel crescente na economia e na estratégia de segurança alimentar dos países. Assim, a cultura de organismos aquáticos, como peixes, crustáceos, moluscos e plantas aquáticas, é atualmente uma indústria global substancial que fornece uma proporção significativa dos produtos aquáticos consumidos. Além disso, a escassez da oferta de alimentos e os preços elevados são riscos importantes no futuro, e os produtos aquáticos são fontes valiosas de proteínas e componentes de nutrientes essenciais para a segurança alimentar global e a eliminação da subnutrição. Nestes casos, a produção aquícola terá de ser aumentada várias vezes para satisfazer a procura crescente de peixe e de outros produtos aquáticos nos próximos anos. A identificação de espécies alternativas de peixes e de ingredientes alimentares adequados para a formulação das suas dietas tornou-se, portanto, muito importante.

A biotecnologia constitui uma ferramenta poderosa para o desenvolvimento sustentável da aquicultura, das pescas e da indústria alimentar. O aumento da procura de produtos do mar por parte do público e a diminuição dos habitats marinhos naturais incentivaram os cientistas a estudar formas de a biotecnologia aumentar a produção de produtos alimentares marinhos, tornando a aquicultura um campo de investigação animal em crescimento. As áreas potenciais da biotecnologia na aquacultura incluem a utilização de hormonas sintéticas na reprodução induzida, a produção de populações monosexo, uniparental e poliploidia, a biologia molecular, os peixes transgénicos, o banco de genes, os alimentos melhorados, a gestão da saúde e o desenvolvimento de produtos naturais a partir de organismos marinhos.

A exploração de novos genes relacionados com o aumento do crescimento e a utilização de diferentes nutracêuticos aumentaram a esperança de atingir esse objetivo. O isolamento de um potencial gene da hormona de crescimento e a subsequente transferência desse gene para aumentar a produção de peixe está a aproximar-se da realidade. A adição de novos imunoestimulantes na alimentação aquática aumentou a possibilidade de uma produção mais segura através da aquicultura de alta tecnologia. As estratégias para aumentar a utilização de nutrientes mais baratos, como os hidratos de carbono, através de várias intervenções tecnológicas e da adição de atractivos alimentares, abriram caminho para o desenvolvimento de rações de baixo custo para uma piscicultura sustentável (Gopakumar, 2003). Atualmente, o aumento da qualidade da carne de peixe através da manipulação genética e da dieta é uma área de investigação centrada na nutrição dos peixes.

Biotecnologia nutricional em aquacultura

Uma vez que a nutrição e a alimentação desempenham um papel fundamental na aquicultura sustentável e que a alimentação constitui cerca de 40-50% do custo total da produção aquícola. A utilização de alimentos nutricionalmente equilibrados e completos continuará a desempenhar um papel dominante na produção de peixes e crustáceos. Assim, devem ser procurados ingredientes alimentares alternativos e biotecnologicamente melhorados, juntamente com melhorias na gestão dos tanques e na manipulação da produtividade dos mesmos.

O principal objetivo da nutrição dos peixes, enquanto disciplina científica, é produzir alimentos que suportem boas taxas de crescimento, mantendo a saúde e a qualidade dos peixes, resultando num produto seguro e saudável para o consumidor a um custo mínimo. Neste sentido, muitos cientistas estão a estudar a utilização segura de nutrientes e as suas interações quando são utilizados ingredientes alternativos de plantas para substituir a tradicional (e dispendiosa) farinha e óleo de peixe, bem como a avaliação de ingredientes marinhos alternativos. A investigação centra-se em questões como a caraterização dos efeitos dos nutrientes em peixes reprodutores, ovos, larvas, juvenis e em diferentes fases de crescimento. As medições incluem o efeito dos nutrientes no crescimento, na utilização dos alimentos, na digestibilidade, nas alterações das vias metabólicas, nos parâmetros de saúde e bem-estar dos peixes, na biodisponibilidade e na retenção dos nutrientes. As ferramentas modernas no domínio da genómica estão a ser gradualmente utilizadas e orientadas, dando a oportunidade de descobrir novas vias e efeitos dos nutrientes. Para além do desenvolvimento de alimentos para animais, a gestão e a qualidade dos alimentos para animais são factores críticos para a rentabilidade da piscicultura, especialmente na aquicultura intensiva. Um alimento biologicamente ideal pode não ser economicamente viável se a sua gestão for deficiente. Um conhecimento equilibrado da nutrição dos peixes e da gestão dos alimentos é de importância fundamental para uma produção sustentável de peixes.

A melhoria da nutrição e da alimentação para o desenvolvimento sustentável da aquicultura pode ser conseguida através de (Lakra e Ayyappan, 2003):

i) Compreensão clara das necessidades alimentares em nutrientes das plantas cultiváveis espécies, incluindo a sua aplicação a condições práticas de cultura.

ii) Desenvolvimento de uma dieta específica para uma reprodução e qualidade larvar máximas.

iii) Maior conhecimento da nutrição das larvas.

iv) Melhorar a eficiência da utilização dos recursos na aquicultura utilizando resíduos de subprodutos da agricultura e da pesca e empregando também uma abordagem biotecnológica para decompor os produtos complexos em formas mais simples e facilmente digeríveis.

v) Desenvolver estratégias de alimentação baseadas em ingredientes alimentares renováveis e empregar técnicas biotecnológicas, especialmente a utilização de micróbios e/ou enzimas microbianas estáveis ao calor (Ghosh *et al.*, 2001).

vi) Melhor compreensão da modulação da resistência às doenças pelos nutrientes.

vii) Estratégias melhoradas para minimizar a toxicidade dos nutrientes.

viii) Promoção de abordagens biotecnológicas para melhorar a qualidade dos alimentos para animais através da utilização de enzimas digestivas microbianas estáveis e da utilização de probióticos.

ix) Considerando os efeitos das dietas manipuladas biotecnologicamente na qualidade do produto e a melhoria das caraterísticas nutricionais do produto final em termos de nutrição humana, por exemplo, gorduras ómega 3, iodo, selénio, vitamina A e D.

A biotecnologia também se mostra promissora na avaliação e melhoria da segurança, frescura, cor, sabor, textura, gosto, caraterísticas nutricionais e prazo de validade dos produtos alimentares cultivados. Estão já em desenvolvimento, ou disponíveis comercialmente, ferramentas que podem detetar e avaliar toxinas, contaminantes e resíduos em produtos aquáticos (Quilliam, 1999).

2.1. Nutrigenómica

A nutrigenómica é o estudo das relações moleculares entre a nutrição e a resposta dos genes, com o objetivo de extrapolar a forma como essas alterações subtis podem afetar a saúde animal. A nutrigenómica centra-se no efeito dos nutrientes no genoma. A nutrigenómica foi também definida como a aplicação de ferramentas genómicas de elevado rendimento na investigação nutricional (Müller e Kersten, 2003). Trata-se de ferramentas genéticas que permitem efetuar literalmente milhões de testes de rastreio genético de uma só vez. Quando este rastreio de alto rendimento é aplicado na investigação nutricional, permite examinar a forma como os nutrientes afectam os milhares de genes presentes no genoma animal. A nutrigenómica envolve a caraterização de produtos genéticos e a função fisiológica e as interações destes produtos. Isto inclui o impacto dos nutrientes na produção e ação de produtos genéticos específicos e o modo como estas proteínas, por sua vez, afectam a resposta aos nutrientes.

Ferramentas moleculares recentes têm permitido uma compreensão mais pormenorizada da regulação nutricional e endócrina do metabolismo intermediário. Vários estudos dos principais tecidos metabólicos da truta arco-íris adulta elucidaram os mecanismos moleculares envolvidos na regulação metabólica no fígado (Mennigen *et al.,* 2012) e no músculo (Seiliez *et al.*, 2011).

Biomarcadores: Um biomarcador, ou marcador biológico, refere-se geralmente a um Indicador mensurável de algum estado ou condição biológica. O termo é também ocasionalmente utilizado para designar uma substância cuja presença indica a existência de um organismo vivo. Constituem também um novo instrumento para o estudo da expressão genética. Os dados sobre potenciais biomarcadores para possíveis efeitos fisiológicos ou metabólicos relacionados com a nutrição dos peixes estão disponíveis em http://nutrigroup-iats.org/arraina- biomarkers/

2.2. Epigenética

São modificações persistentes (ao longo da vida e hereditárias) do fenótipo durante "janelas" sensíveis ao longo do desenvolvimento

2.2.1. Programar os peixes através da nutrição

Os factores epigenéticos, incluindo os nutrientes, podem modificar a expressão genética de uma forma estável e até hereditária que não se deve a alterações na sequência do ADN. Quanto mais compreendermos a epigenética e a forma como influencia o fenótipo, mais precisamente poderemos programar o desenvolvimento dos peixes, controlando rigorosamente a dieta dos peixes em diferentes fases de desenvolvimento.

As janelas críticas de desenvolvimento são altamente restritas nos peixes. Assim, os períodos para exercer um estímulo nutricional durante as fases de elevada plasticidade do desenvolvimento são limitados: a) à nutrição materna, através da transferência de nutrientes para as reservas vitelinas e b) ao início da alimentação exógena, quando a nutrição larvar pode ser manipulada por enriquecimento com presas vivas ou dietas inertes. Na dourada, os efeitos positivos da alimentação dos reprodutores com uma dieta de alta qualidade, enriquecida com ácidos gordos essenciais, reflectiram-se numa melhor qualidade dos ovos e no desenvolvimento das larvas. Outros componentes da dieta, como a vitamina E, a vitamina C, os carotenóides e os fosfolípidos, foram também considerados como nutrientes importantes a fornecer durante a reprodução, uma vez que se verificou uma melhoria da qualidade dos ovos, do esperma e das larvas (Izquierdo et al., 2001). Recentemente, um estudo efectuado com a dourada revelou que a programação nutricional precoce pode ser conseguida através da alimentação parental, com alterações metabólicas positivas a longo prazo na descendência. Quando os reprodutores foram alimentados com uma dieta rica em óleo de linhaça (mais de 60% de substituição do óleo de peixe), a descendência resultante revelou-se mais bem adaptada à utilização de dietas com elevado teor de óleos vegetais/proteínas vegetais, apresentando uma melhor taxa de crescimento e utilização dos alimentos. No entanto, mesmo não sendo relevante para o objetivo da programação nutricional, foram encontrados alguns efeitos negativos a curto prazo quando o óleo de peixe foi substituído a 100% por óleo de linhaça nas dietas dos reprodutores, a fecundidade, a qualidade das posturas, o crescimento e a expressão do gene Δ6 dessaturase de pós-larvas de 45 DAH foram significativamente afectados (Izquierdo *et al.*, 2015). Atualmente, a investigação sobre a programação nutricional em peixes ainda é escassa, mas os resultados promissores mostrados em diferentes estudos estão a suscitar um interesse crescente por este assunto.

Necessidades nutricionais dos peixes marinhos e aplicação da biotecnologia

3.1. Proteína

3.1.1. Necessidades proteicas

A proteína é o componente mais importante e mais caro da dieta artificial dos peixes. Por conseguinte, devem ser incorporados níveis adequados de proteínas na dieta. As proteínas podem ser utilizadas para: (1) fornecer energia, (2) fornecer aminoácidos, e (3) satisfazer as necessidades de proteínas funcionais, tais como enzimas e hormonas (Ensminger e Olentine, 1981). Há uma série de factores que afectam as necessidades proteicas dos peixes. Estes incluem a espécie de peixe, o tamanho ou a idade, a qualidade da proteína, a energia da dieta, a qualidade da água, a presença de alimento natural e a gestão da alimentação (Webster e Lim, 2002). Os peixes carnívoros marinhos têm necessidades proteicas mais elevadas do que os peixes herbívoros ou omnívoros e os peixes pequenos necessitam de proteínas alimentares mais elevadas do que os peixes maiores (Lim, 2002). É necessário um nível mais baixo de proteína bruta alimentar para satisfazer as necessidades de aminoácidos essenciais dos peixes se forem utilizadas fontes de proteína de melhor qualidade. Além disso, se o nível de energia não proteica de uma dieta for baixo, os peixes utilizarão as proteínas da dieta para satisfazer as necessidades energéticas metabólicas. Assim, é necessário um nível mais elevado de proteínas na dieta (Lim, 2002).

Vergara *et al.* (1996) estudaram o efeito de diferentes níveis de proteínas na dieta sobre o crescimento, a eficiência alimentar, a utilização de proteínas e a composição corporal de alevins *de Sparus aurata* (0,8 g) e concluíram que o nível mínimo de proteínas na dieta que produz o crescimento máximo é de 55%. Os níveis de proteínas da dieta para o crescimento ótimo de juvenis jovens e de douradas em crescimento foram de 50-60% e 45-50%, respetivamente (Kissil *et al.,* 2000). Hasan (2001) verificou que a dourada *Pagrus auratus* necessitava de cerca de 40% de proteínas alimentares para obter o máximo desempenho, enquanto a dourada *P. major* necessitava de 55%. O autor concluiu que as espécies carnívoras marinhas e de água doce necessitam de 40-55% de proteínas alimentares para um desempenho ótimo.

3.1.2. Fontes de proteínas alimentares

Tradicionalmente, a farinha de peixe (FM) é a principal fonte de proteínas para as indústrias de rações animais e de alimentos para animais aquáticos, devido ao seu perfil equilibrado de aminoácidos, boa digestibilidade e outros valores biológicos (Autin, 1997). A FM é geralmente a melhor fonte de proteínas para as rações de aquacultura, mas é um produto caro e, ao mesmo tempo, a piscicultura está a crescer e a procura de farinha de peixe está a aumentar. Além disso, a farinha de peixe contém níveis de fósforo muito superiores às necessidades dos peixes para um crescimento ótimo. O excesso de fósforo vai para a água, causando problemas como a eutrofização ou o crescimento excessivo de algas. Por último, a contaminação de certas farinhas de peixe com dioxinas tornou a seleção de matérias-primas para a formulação de rações algo difícil.

3.1.3. Aminoácidos

Os peixes não têm necessidades proteicas absolutas, mas necessitam dos aminoácidos que compõem as proteínas. Todas as espécies de peixes estudadas até à data parecem necessitar dos mesmos 10 aminoácidos essenciais (NRC, 1983). A necessidade qualitativa destes 10 aminoácidos foi demonstrada para o robalo por Metailler *et al.* (1973). Os aminoácidos (AA) não são apenas moléculas de sinalização celular, mas são também reguladores da expressão genética e da cascata de fosforilação das proteínas. Além disso, os AA são precursores fundamentais para a síntese de hormonas e de substâncias azotadas de baixo peso molecular, tendo cada uma delas uma enorme importância biológica. São os chamados AA funcionais, que incluem a arginina, a cisteína, a glutamina, a leucina, a prolina e o triptofano (Wu, 2009).

3.1.4. Fontes alternativas de proteínas e manipulação da biotecnologia 3.1.4.1. Fontes alternativas de proteínas de origem vegetal para a alimentação

As proteínas vegetais têm o potencial de resolver o problema da poluição por fósforo, uma vez que as plantas não contêm níveis de fósforo tão elevados como os da farinha de peixe. Além disso, a utilização de proteínas vegetais na alimentação dos peixes ajudaria a aliviar a pressão sobre as unidades populacionais de peixes selvagens. A investigação neste domínio centra-se no estudo de culturas locais para a produção de proteínas destinadas à alimentação dos peixes. No entanto, a substituição total ou parcial das farinhas de peixe por fontes alternativas de proteínas deve ser considerada, com base nos perfis de aminoácidos dessas fontes. No entanto, a utilização de materiais derivados de plantas, como sementes de leguminosas, diferentes tipos de bagaços de oleaginosas, farinhas de folhas, concentrados de proteínas de folhas e farinhas de tubérculos de raízes como ingredientes de rações é frequentemente limitada pela presença de uma grande variedade de substâncias anti-nutricionais (Fournier *et al.,* 2004). As proteínas vegetais requerem frequentemente um processamento para remover estas substâncias, que podem ser produzidas pelas plantas como mecanismos naturais de defesa. Entre estas substâncias, são importantes os inibidores de proteases, fitatos, glucosinolatos, saponinas, taninos, lectinas, hitoestrogénios, alcalóides, compostos antigénicos, gossipóis, cianogénios, mimosina, ácidos gordos ciclopropenóides, canavanina, antivitaminas e ésteres de forbol. Estes compostos devem ser destruídos durante a transformação para evitar danos ao peixe. O robalo alimentado com dietas ricas em proteínas vegetais reduziu significativamente o consumo de ração em comparação com uma dieta de controlo à base de farinha de peixe, enquanto o consumo de ração melhorou quando um atrativo foi adicionado às dietas (Dias *et al.*, 1997).

Foram avaliadas diferentes fontes alternativas de proteínas para o robalo e a dourada. A maioria dos estudos sobre este assunto mostrou que, embora parte da farinha de peixe da dieta possa ser substituída por fontes alternativas de proteínas sem afetar negativamente o desempenho dos peixes, uma substituição total reduz significativamente o crescimento e a alimentação (Gouveia e Davies, 2000). Esta diminuição nos resultados do desempenho dos peixes pode ser atribuída a um desequilíbrio de aminoácidos nas fontes alternativas de proteínas, à presença de factores anti-nutricionais ou à falta de palatabilidade da dieta, particularmente quando são utilizados alimentos vegetais (Tacon, 1997).

Uma vez que, para efeitos práticos, se assume que a digestibilidade dos nutrientes é viciante (Cho e Kaushik, 1990), é importante ter um conhecimento adequado dos coeficientes de digestibilidade aparente (CDA) dos alimentos para animais para uma formulação adequada da dieta. Foram publicados dados sobre o CDA de vários alimentos para o robalo e a dourada (Oliva-Teles, 1998).

Em resultado de preocupações anteriores, os investigadores estão a utilizar a biotecnologia para desenvolver abordagens a utilizar no processamento de proteínas vegetais para remover certos fitometabolitos, uma vez que alguns deles são tóxicos quando consumidos em excesso e afectam negativamente o crescimento dos peixes. Uma estratégia alternativa consiste em utilizar micróbios de origem intestinal dos peixes como alimentos diretos ou probióticos para melhorar a utilização dos nutrientes e aumentar a imunidade (Singh *et al.*, 2015). Os problemas associados aos factores antinutricionais também podem ser resolvidos através da produção de enzimas alimentares para os neutralizar. A fitase é um exemplo, que pode ajudar os peixes a utilizar da melhor forma o fósforo disponível numa ração à base de proteínas vegetais. Um dos desenvolvimentos tecnológicos mais interessantes é a capacidade de manipular o genoma das plantas para produzir produtos económicos para utilização em aquacultura. A utilização de culturas geneticamente modificadas para eliminar factores anti-nutricionais e aumentar nutrientes específicos (aminoácidos limitantes, ácidos gordos n-3, etc.) é agora possível. A utilização de misturas de proteínas provenientes de alimentos geneticamente modificados (GM) e de aditivos alimentares (tais como aminoácidos e enzimas) ajudará muito a diminuir a quantidade de azoto excretado nos resíduos animais (Halver, 2002). Uma outra forma biotecnológica é o aproveitamento da tecnologia transgénica, em que esta consiste em modificar as plantas através de manipulação genética, de modo a que os seus perfis de aminoácidos sejam mais semelhantes aos das proteínas de peixe.

3.1.4.2. Subprodutos aquáticos

Os subprodutos aquáticos das fábricas de transformação de produtos do mar (tais como tripas, cabeças, sangue, pele, ossos e fígado de peixe) têm sido historicamente considerados de baixo valor. No entanto, com os crescentes benefícios económicos e ambientais da utilização destes subprodutos, alguns países estão a utilizar a biotecnologia para maximizar os benefícios dos subprodutos aquáticos na produção de produtos marinhos valiosos, tais como;

3.1.4.2.1. Silagem de peixe

A técnica de fabrico de silagem de peixe é barata e simples (Windsor e Barlow, 1981). Pode ser feita a partir de capturas acessórias ou de resíduos de peixe, que são, de preferência, picados ou moídos antes da adição de ácidos orgânicos ou minerais ou de uma fonte de hidratos de carbono para fermentação. A presença de ácidos minerais ou orgânicos ou a fermentação láctica diminuem o pH, o que inibe o crescimento de bactérias e, por conseguinte, permite o armazenamento a longo prazo da matéria-prima. A silagem de peixe feita com ácidos orgânicos ou minerais é geralmente designada por silagem ácida de peixe, enquanto a que requer a adição de uma fonte de hidratos de carbono e condições de armazenamento anaeróbicas é conhecida por silagem fermentada ou biológica de peixe.

3.1.4.2.2. Hidrolisado de proteína de peixe

É formado por hidrólise enzimática de subprodutos de peixe (Mauzifa *et al.,* 2012). É utilizado em incubadoras como aditivo na nutrição das primeiras larvas. A adição de hidrolisado de proteína de peixe aumentou efetivamente o crescimento de alevins de salmão (Berge e Storebakken, 1996) e também pode substituir 30% de proteína em dietas larvares (Kolkovski *et al.*, 2000).

3.1.4.2.3. Farinha de insectos na dieta de peixes de viveiro

Os insectos, que fazem parte da dieta natural dos peixes, deixam uma pequena pegada ecológica e têm uma necessidade limitada de terras aráveis, podem representar uma boa fonte de proteínas. Na última década, surgiram estudos sobre a substituição da farinha de peixe por insectos na dieta dos peixes e os resultados promissores encorajaram novas investigações. Eles discutiram o potencial de gafanhotos, gafanhotos, cupins, vermes amarelos, besouros rinocerontes asiáticos, super vermes, vermes da seda domesticados, moscas domésticas comuns, mosquitos comuns e moscas-soldado pretas para uso como substituição de farinha de peixe e/ou óleo de peixe na dieta de peixes (Henry *et al.*, 2015). A substituição parcial por farinha de insectos parece possível, principalmente para espécies herbívoras/omnívoras, mas também para alguns peixes carnívoros (carpa negra, truta arco-íris, robalo japonês, salmão chum, dourada e robalo europeu).

3.2. Lípidos

Os lípidos da dieta desempenham um papel importante como fonte de energia e de ácidos gordos essenciais (EFA), que são necessários aos peixes para um crescimento ótimo. Os lípidos são também importantes transportadores e desempenham um papel na absorção de vitaminas lipossolúveis (Yildiz e Sener, 2002). Cho *et al.* (1985) referiram que os lípidos da dieta são geralmente muito digeríveis e parecem ser preferidos aos hidratos de carbono da dieta como fonte de energia para os peixes.

3.2.1. Necessidades em lípidos

As necessidades em lípidos da dourada foram amplamente estudadas com resultados variáveis. Ibeas *et al.* (1994) verificaram que as necessidades de lípidos da dieta para um desempenho ótimo dos juvenis de dourada eram de 8-10%. Um excesso de lípidos na dieta pode ter sido a causa das anomalias dos hepatócitos em *S. aurata* alimentada com níveis elevados de lípidos (Vergara *et al.*, 1999).

3.2.2. Fontes de lípidos na alimentação

Tradicionalmente, o óleo de peixe (FO) tem constituído a principal fonte de lípidos adicionada aos alimentos compostos para peixes marinhos, devido à sua elevada digestibilidade e ao teor de ácidos gordos n-3 altamente insaturados (HUFAs) (Izquierdo *et al.*, 2003, Montero *et al.*, 2003). No entanto, é dispendioso e, por vezes, não está disponível.

3.2.3. Necessidades em ácidos gordos essenciais

Os ácidos gordos altamente insaturados (HUFA) estão a receber uma atenção considerável devido ao seu envolvimento na saúde humana. O peixe é uma importante fonte alimentar de ácidos gordos altamente insaturados de cadeia longa C20 e C22 (HUFA) (Ackman, 1980), que são também cruciais para a saúde dos vertebrados superiores. Desempenham um papel fundamental em várias funções biológicas, incluindo funções cardiovasculares, desenvolvimento neural, sinalização de eicosanóides, regulação da expressão genética e modulação de canais iónicos (Kang *et al.*, 2004). Além disso, os ácidos gordos têm papéis estruturais importantes como componente principal dos fosfolípidos nas biomembranas dos peixes, que estão relacionados com a fluidez das membranas e corrigem as funções fisiológicas das enzimas das membranas limitadas e as funções celulares dos peixes marinhos (Bell *et al.*, 1986). Foi referido que os peixes marinhos necessitam de ácidos gordos polinsaturados de cadeia longa (PUFAs) para o seu crescimento normal, desenvolvimento das gónadas e reprodução; são eles o ácido docosahexaenóico (DHA, 22:6 n-3), o ácido eicosapentaenóico (EPA, 20:5 n-3) e o ácido araquidónico (ArA, 20:4 n-6) (Iquierdo *et al.*, 2003). As elevadas necessidades dos peixes marinhos em ácidos gordos n-3 altamente insaturados (HUFAs), especialmente EPA e DHA, devem-se à sua capacidade limitada de alongamento de cadeias e dessaturação de ácidos gordos, pelo que necessitam de um fornecimento dietético de ácidos gordos EPA e DHA numa forma pronta a utilizar para satisfazer as suas necessidades de ácidos gordos na dieta (El-Kerdawy e Salama, 1997). Salhi *et al.* (1994) observaram que a ingestão de n-3 HUFA na fração lipídica polar melhorava a taxa de crescimento das larvas de dourada. Montero *et al.* (2000) sugeriram que as deficiências de AGH n-3 na dieta produziam uma glomerulonefrite e uma imunossupressão nos juvenis de dourada (*S. aurata*), levando a uma redução das taxas de crescimento e da resposta imunitária. Izquierdo *et al.* (2003) mencionaram que as necessidades mínimas da dourada e do robalo em ácidos gordos n-3 são de 3% dos ácidos gordos da dieta para cobrir as suas necessidades em ácidos gordos essenciais.

3.2.4. Alternativas ao óleo de peixe e manipulação da biotecnologia

Foram efectuadas várias experiências para avaliar os alimentos para animais que utilizam substitutos do óleo de peixe em dietas para peixes marinhos do Mediterrâneo.

3.2.4.2. Óleos vegetais (VO)

A maioria dos óleos vegetais são fontes relativamente pobres de ácidos gordos n-3 em comparação com os OAU marinhos. Os óleos vegetais são fontes ricas de ácidos gordos n-6 e n-9, principalmente ácido linoleico (LA; 18:2 n-6) e ácido oleico (OA; 18:1 n-9), com exceção do óleo de linhaça, que é rico em linolénico (ALA; 18:3; n-3). Os óleos vegetais têm sido avaliados como substitutos da FO, quer individualmente quer como uma mistura de VO formulada para reproduzir a composição de ácidos gordos encontrada na FO em termos de rácios relativos de ácidos gordos saturados totais (SFA), ácidos gordos monoinsaturados (MUFA) e PUFA (Torstensen *et al.*, 2005). No entanto, essas misturas de VO ainda carecem dos HUFA que estão abundantemente presentes na FO. Dependendo da espécie, os peixes têm capacidades variáveis para bioconverter (alongar e dessaturar) 18:3 n-3 até n-3 HUFA (Sargent *et al.*, 2002), mas na maioria dos casos, particularmente para as espécies carnívoras marinhas, a quantidade de n-3 HUFA produzida in vivo é insuficiente para suportar o crescimento e a saúde óptimos dos peixes (Mourente *et al.*, 2005). Torstensen *et al.* (2005) referiram que o VO pode substituir quantidades substanciais de FO na dieta do salmão do Atlântico (*Salmo salar*) sem afetar o crescimento ou a eficiência alimentar, desde que a dieta contenha quantidades adequadas de ácidos gordos essenciais específicos (EFA).

Quando se selecionam potenciais VO para substituir as FO nas dietas dos peixes, particularmente nas espécies de peixes de águas frias, deve considerar-se a disponibilidade de energia, bem como o teor de AGPI. Por conseguinte, os OV mais adequados para substituir os AGO devem conter um elevado teor de AGS e AGMI como fontes de energia e baixas quantidades de AL, uma vez que este ácido gordo é pouco oxidado e difícil de remover utilizando dietas de acabamento (Turchini *et al.*, 2009)

Vários estudos mostraram que quantidades moderadas de óleos vegetais na dieta dos peixes não têm um impacto negativo no seu crescimento (Izquierdo *et al.,* 2003). É, no entanto, necessário ter em conta que estes óleos têm um perfil de ácidos gordos marcadamente diferente do dos óleos de peixes marinhos e também podem conter substâncias não naturais dos peixes, o que pode ter várias implicações para os peixes a longo prazo, bem como para os consumidores destes produtos. Um exemplo bem conhecido é o elevado teor de ácido erúcico (22:1 n-9) no óleo de colza. A alteração do perfil de ácidos gordos (FA) afectará o organismo, sendo que grandes quantidades de óleo de linhaça têm um impacto negativo significativo na função e integridade do trato gastrointestinal do salvelino do Ártico (*Salvelinus alpinus*) (Olsen *et al.,* 2000). Caballero *et al.* (2003) estudaram as alterações morfológicas no intestino da dourada alimentada com dietas contendo óleos de linhaça, soja ou colza em dois níveis diferentes de substituição de óleo de peixe, 60% ou 80%. Concluíram que a substituição do óleo de peixe por óleos vegetais afectou a quantidade e a distribuição da acumulação de gordura nos enterócitos e levou a um aumento da deposição de gordura nos enterócitos devido à redução do teor de HUFAs. Os óleos vegetais também não contêm colesterol, que é a principal base das hormonas, e podem conter substâncias tóxicas. Pelo lado positivo, a microbiota intestinal é significativamente influenciada pela adição de óleos vegetais e será possível manipular a composição lipídica da dieta para selecionar bactérias que inibam o estabelecimento de bactérias patogénicas (Kiessling *et al.*, 2001).

Quase todos os peixes, tal como todos os vertebrados, têm a capacidade de converter 18:3n-3 (ALA) em n-3 HUFA (ou seja, EPA e DHA) in vivo através de uma sucessão alternada de dessaturação e alongamento. O primeiro passo na via de alongamento e dessaturação dos ácidos gordos é a produção de 18:4 n-3 a partir de 18:3 n-3 catalisada pela enzima D6 dessaturase. O produto pode então ser sucessivamente alongado pela elongase dos ácidos gordos e ainda dessaturado pela enzima D5 dessaturase para 20:5 n-3 (Sargent *et al.,* 2002). A eventual produção de 22:6 n-3 requer a combinação de mais dois alongamentos, uma dessaturação D6 e, finalmente, uma reação de encurtamento da cadeia (Fig.1). Foram iniciados trabalhos de investigação para efetuar a análise molecular e a caraterização dos genes da delta-6 fatty acyl desaturase de vários peixes que estão envolvidos na biossíntese de PUFA ómega-3 e ómega-6 (Clarke *et al.,* 1998).

A aplicação da biotecnologia para a produção de sementes oleaginosas geneticamente modificadas enriquecidas com n-3 HUFA está a dar resultados promissores (Robert, 2006) e foram obtidos óleos vegetais geneticamente modificados contendo n-3 HUFA. A transferência de genes de microalgas marinhas e de outros microrganismos para culturas oleaginosas demonstrou que a produção de óleos terrestres de LC-PUFA ómega 3 é efetivamente possível.

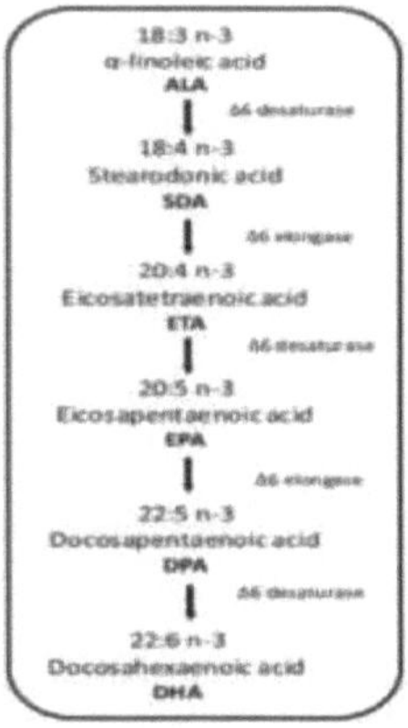

Fig.1: Alongamento e dessaturação de ácidos gordos

As especificações destes óleos ou sementes inteiras para utilização na alimentação humana e na aquacultura do salmão do Atlântico (*Salmo salar*) são viáveis (Robert, 2006). Além disso, a criação de peixes transgénicos com uma capacidade biossintética superior de ácidos gordos húmidos n-3 é considerada uma das soluções biotecnológicas. No entanto, a transferência de genes atraiu simultaneamente uma publicidade negativa significativa por parte de grupos de consumidores em relação à utilização desta tecnologia na produção alimentar. luz das considerações anteriores e no que se refere à modificação da composição dos ácidos gordos do peixe e à potencial bioconversão de ALA em n-3 HUFA, a sugestão feita por Sargent *et al.* (2002) de que o problema, por conseguinte, é como ativar os genes recalcitrantes em vez de os introduzir através da engenharia genética, é extremamente pertinente e deve ser cuidadosamente considerada. Os resultados de Izquerdo *et al.* (2008)

mostraram, pela primeira vez, um efeito significativo dos lípidos da dieta na regulação da expressão da D6 dessaturase na dourada. Com base nestes resultados, a alimentação das larvas de dourada com uma dieta que contém um teor demasiado elevado de óleo de linhaça reduzirá significativamente a expressão do gene da dessaturase, ao passo que a alimentação destas larvas com uma dieta que contém óleo de soja e óleo de colza aumentará essa expressão até seis vezes.

As ferramentas para prever os perfis de ácidos gordos da carne estão disponíveis em

http://nutrigroup-iats.org/aquafat/index.php/site/view/presentacion/en

3.2.4.3. Algas unicelulares, organismos pelágicos ou invertebrados bentónicos

Foram identificadas e testadas na alimentação aquática novas fontes alternativas de lípidos ricos em n-3 HUFA derivados de algas unicelulares, organismos pelágicos ou invertebrados bentónicos que contêm quantidades elevadas de n- 3 HUFA (Olsen *et al.*, 2004). Por exemplo, a utilização potencial de óleos ricos em DHA derivados de microalgas unicelulares (ou seja, *Schizochytrium* spp., *Crypthecodinium cohnii* e *Phaeodactylum tricornutum*) foi testada com êxito na dourada (*Sparus aurata*) (Ganuza *et al.*, 2008). Do mesmo modo, o óleo de *Schizochytrium* spp. também foi testado com êxito no salmão do Atlântico (Miller *et al.*, 2007) e o óleo extraído do copépode calanóide (*Calanus finmarchicus*) foi um substituto eficaz da FO na dieta do salmão do Atlântico (Olsen *et al.*, 2004). No entanto, o atual fornecimento imprevisível e os custos de produção extremamente elevados destas alternativas tornam a sua potencial utilização comercial quase impossível a uma escala global. Norambuena *et al.* (2015) adicionaram dois produtos derivados de algas comercialmente disponíveis (farinha de algas secas), Verdemin (derivado de *Ulva ohnoi*) e Rosamin (derivado da diatomácea *Entomoneis* sp.) para a sua possível inclusão na dieta do Salmão do Atlântico (*Salmo salar*) e concluíram que foi observado um aumento no teor de ácidos gordos polinsaturados de cadeia longa ómega-3 (n-3 LC-PUFA) em todo o corpo de peixes alimentados com 5% de Rosamin.

3.3. Hidratos de carbono

Os hidratos de carbono podem não ser essenciais para a dieta dos peixes ósseos, uma vez que estes podem crescer satisfatoriamente, sem quaisquer sinais patológicos, quando alimentados com dietas sem hidratos de carbono (Lim, 2002). No entanto, os hidratos de carbono são sempre incluídos nas dietas dos peixes porque são as fontes de energia menos dispendiosas e funcionam como aglutinante para os granulados comprimidos ou permitem que os granulados se expandam durante o processo de extrusão. Servem também como precursores de vários intermediários metabólicos, tais como aminoácidos dispensáveis e ácidos nucleicos essenciais para o crescimento (NRC, 1983).

Sabe-se que as espécies de peixes carnívoros têm uma capacidade limitada de utilizar os hidratos de carbono da dieta, principalmente devido à sua fraca atividade amilolítica. Níveis elevados de hidratos de carbono na dieta deprimem a digestibilidade das proteínas, a eficiência alimentar e o crescimento, aumentam a deposição de glicogénio hepático e até causam eventual mortalidade (Hasan, 2001). A glucose tem um efeito poupador de proteínas no robalo, embora ocorra uma depressão do crescimento com níveis elevados de inclusão na dieta (Alliot *et al.*, 1979).

3.3.1. Manipulação das biotecnologias

A biotecnologia oferece uma solução em que os hidratos de carbono podem ser disponibilizados aos peixes após a utilização de probióticos, em que o metabolismo bacteriano no trato digestivo dos peixes transforma os hidratos de carbono numa forma mais facilmente utilizada pelos peixes ou através da utilização de exoenzimas.

A programação nutricional pode oferecer outra solução, uma vez que muitos estudos se centraram nos efeitos da exposição precoce dos peixes a níveis elevados de hidratos de carbono da dieta, durante o período da primeira alimentação, na modulação da via metabólica dos hidratos de carbono. Estes estudos demonstraram algumas adaptações persistentes nos marcadores moleculares relacionados com o metabolismo dos hidratos de carbono na truta arco-íris (Geurden *et al.,* 2014), no peixe-zebra (Fang *et al.*, 2014) e no esturjão siberiano (Gong *et al.,* 2015)

3.4. Vitaminas e minerais

As vitaminas são substâncias orgânicas, necessárias aos peixes numa fração ínfima da dieta, mas são críticas para a manutenção das funções metabólicas e fisiológicas normais. No entanto, existe pouca informação disponível sobre as necessidades vitamínicas quantitativas da dourada e do robalo (Lim, 2002). Fournier *et al.* (2000) mostraram que, no robalo, era necessário um mínimo de 5 mg de ácido ascórbico por kg de dieta para um crescimento máximo e para manter uma concentração normal de colagénio na pele. Yone (1976) verificou que o goraz (*P. major*) apresentava um crescimento deficiente e perda de apetite quando alimentado com uma dieta deficiente em vitamina B6, colina, ácido pantoténico B5, B12, inositol, ácido nicotínico, B2, B1 e vitamina C.

Os minerais são necessários a todos os animais, quer na sua forma elementar quer incorporados em compostos específicos, para várias funções biológicas, tais como a formação do tecido esquelético, a respiração, a digestão e a osmorregulação. É geralmente difícil determinar as necessidades dietéticas de minerais dos peixes, uma vez que estes podem absorver estes minerais da água circundante, especialmente no caso dos peixes marinhos (NRC, 1983).

As necessidades de minerais da dieta dos peixes dependem da concentração dos elementos necessários na massa de água (Hepher, 1990). Apesar da capacidade de absorção desses minerais da água do mar, eles são geralmente absorvidos em quantidades insuficientes que são incapazes de satisfazer as necessidades dos peixes (Kissil, 1991).

Por isso, é importante suplementar as dietas com a quantidade correta necessária para um crescimento normal. A importância dos minerais vestigiais como ingredientes essenciais nas dietas dos peixes, embora em pequenas quantidades, tem sido enfatizada (Watanabe *et al.*, 1997).

De todos os elementos inorgânicos, o fósforo recebeu uma atenção especial, não só porque normalmente tem de ser fornecido na dieta, uma vez que a sua concentração na água é baixa, mas também porque um excesso de fósforo na dieta contribui para a poluição da água (Lall, 1991). Por conseguinte, é obrigatório minimizar o teor de fósforo na dieta através da formulação de dietas sem excesso de fósforo acima das necessidades para um crescimento máximo e da utilização de alimentos para animais com elevada disponibilidade de fósforo. A biodisponibilidade do fósforo é muito variável entre os alimentos para animais e é mais elevada nos alimentos para animais do que nos alimentos para plantas. Tal deve-se ao facto de a maior parte do fósforo nas plantas ser armazenado sob a forma de fitato, que não está disponível para os animais, uma vez que estes não possuem a enzima fitase (Lall, 1991).

3.4.1. Manipulação das biotecnologias

A biotecnologia procurou aumentar a absorção e a disponibilidade de oligoelementos inorgânicos, como o zinco, o cobalto, o cálcio, etc., dependendo da natureza dos minerais (sulfato, óxido ou carbonato), da sua solubilidade e ionização. Os minerais vestigiais estão agora a ser ligados a oligopeptídeos para os tornar mais biodisponíveis.

Na produção avícola, são utilizadas preparações comerciais de selénio e crómio proteicos. No caso das vitaminas, devido à disponibilidade e estabilidade variáveis das vitaminas nos ingredientes, as vitaminas suplementares são amplamente incorporadas nos regimes alimentares. Estas vitaminas são muito mais estáveis do que as formas que ocorrem naturalmente. A estabilidade é conseguida através da aplicação de tecnologias avançadas que envolvem a preparação de derivados biologicamente activos, tecnologias de revestimento, transportadores e diluentes (Bamji e Lakshami, 1998).

3. 5. Aditivos para a alimentação animal

A adição de nutrientes específicos aos alimentos para animais pode melhorar a digestão animal e, assim, reduzir os custos dos alimentos para animais. Atualmente, estão a ser utilizados muitos aditivos para a alimentação animal e são continuamente desenvolvidos novos conceitos com a ajuda da biotecnologia.

3.5.1. Enzimas exógenas

Nos últimos anos, as enzimas são utilizadas como aditivos alimentares em vários países (Baylan *et al.,* 2015). Estas proteases, glucanases, celulases, pectinases, amilases e lipases são utilizadas na indústria dos alimentos para animais, participando em alimentos compostos para animais, isoladamente ou em combinação.

As enzimas industriais são principalmente produzidas a partir de microrganismos através de um processo de fermentação e extração. Estas enzimas podem ser produzidas em grandes quantidades a partir de micróbios geneticamente modificados com as propriedades desejadas para as tornar economicamente viáveis. As enzimas alimentares têm de ser robustas para suportar variações de pH e de temperatura. Precisam de ter uma estabilidade a altas temperaturas para resistir à peletização e ter também um longo prazo de validade. Ao longo dos anos, as enzimas alimentares têm vindo a evoluir da forma líquida para a forma de pó e para a forma de grânulos, a fim de as tornar mais estáveis ao calor. Ultimamente, a tecnologia de granulação tem sido desenvolvida de modo a que as moléculas de enzima sejam revestidas com um material inerte, como a celulose e a cera, a fim de conferir à enzima uma proteção total. Esta tecnologia ajuda a enzima a atingir um prazo de validade mais longo e é mais adequada para alimentos peletizados. A ideia de introduzir enzimas exógenas nos alimentos para peixes não é nova, mas a sua eficácia nos alimentos para peixes está a ser novamente investigada. A adição de enzimas proteolíticas às dietas resultou apenas em pequenos efeitos positivos na carpa comum (Srivastava *et al.,* 1994). Foi relatado o impacto da utilização de α-amilase bacteriana termoestável no crescimento e na utilização de alimentos no rohu (*Labeo rohita*) (Ghosh *et al*., 2001).

3.5.1. 1. Utilização de fibras vegetais em alimentos para peixes através de enzimas

Várias fontes alternativas de alimentos para animais, como o girassol, a colza e o cártamo, podem fornecer proteínas, e o sorgo, o milheto ou o farelo de arroz, para a energia, podem ser utilizados como ingredientes de alimentos para animais se forem complementados por enzimas específicas do substrato. A composição da parede celular destes ingredientes alimentares com elevado teor de fibras revela que contêm grandes quantidades de arabino-xilanos, polissacáridos pécticos e alguma celulose. A utilização de enzimas específicas como a xilanase, a pectinase e a celulase poderia permitir a decomposição da fibra, libertando energia e aumentando a digestibilidade das proteínas devido a uma melhor acessibilidade das mesmas. Deste modo, o custo dos alimentos para animais poderia ser reduzido e os níveis de proteínas nos alimentos para animais aumentados. A possibilidade de aumentar a utilização de enzimas na próxima década existe certamente quando estiverem disponíveis enzimas de elevada qualidade com desempenhos mais previsíveis.

3.5.1.2. fitase

Uma das enzimas que realmente se tornou popular é a fitase, uma enzima que decompõe o ácido fítico indigesto (fitato) nos cereais e nas sementes oleaginosas e liberta fósforo digerível. Esta enzima é conhecida há várias décadas, mas a indústria dos alimentos para animais não a podia utilizar de forma económica devido aos seus elevados custos de produção. A fitase microbiana tornou-se comercialmente disponível nos anos 90, em resultado de melhorias biotecnológicas.

Roy *et al.* (2009) isolaram bactérias produtoras de fitase nas regiões do intestino anterior e posterior do trato gastrointestinal de 10 teleósteos de água doce de diferentes hábitos alimentares, nomeadamente rohu (*Labeo rohita*), catla (*Catla catla*), mrigal (*Cirrhinus mrigala*), bata (*Labeo bata*), kalbasu (*Labeo calbasu*), tilápia do Nilo (*Oreochromis niloticus*), perca trepadora (*Anabas testudineus*), carpa comum (*Cyprinus carpio*), carpa prateada (*Hypophthalmichthys molitrix*) e carpa herbívora (*Ctenopharyngodon idella*).

A fitase reduz a utilização de fósforo inorgânico suplementar dispendioso, como o fosfato dicálcico (Jongbloed *et al.*, 2000). A fitase liberta minerais (Ca, Mg, Zn e K), aminoácidos e proteínas, que estão complexados com a molécula de fitato. O fitato em si é um fator anti-nutritivo que, quando hidrolisado, melhora o desempenho dos animais. Do ponto de vista ambiental, a fitase tem sido utilizada por aquicultores para um melhor controlo da proliferação de algas devido à redução dos níveis de fósforo nas águas subterrâneas. Os fabricantes de alimentos para animais aquáticos estão também a estudar a possibilidade de utilizar a fitase para libertar o fósforo não disponível do farelo de arroz, da soja e do trigo (Boling *et al.*, 2000).

A melhoria da expressão do gene da fitase nas plantas está em curso como forma de produzir fitase comercialmente, como na bio-agricultura em que plantas como a luzerna são utilizadas como "bioreactores" e também através do desenvolvimento de cultivares de plantas que produzam fitase transgénica suficiente para que não seja necessária a sua suplementação adicional em cereais ou farinhas.

3.5.2. Aglutinantes de toxinas em alimentos para peixes

Os fabricantes de alimentos para animais têm vindo a incorporar vários inibidores de bolores nas suas dietas para evitar a formação de micotoxinas. Foi comunicada uma variedade de abordagens físicas, químicas e biológicas para contrariar o problema das micotoxinas, mas são limitados os meios de desintoxicação em grande escala, práticos e rentáveis, dos alimentos para animais que contêm micotoxinas. A maior parte deles são fungistáticos e não fungicidas que apenas inibem o crescimento de bolores e não inactivam quaisquer toxinas já presentes (Tuan *et al.*, 2002). Os métodos actuais utilizam geralmente ácidos orgânicos e os seus sais, como o ácido propiónico, ou adsorventes, como bentonites, zeólitos e hidroxil alumino-silicatos. No futuro, poderão ser utilizados produtos baseados na biotecnologia, como micróbios, extractos de ervas ou glucomanano esterificado. Foi demonstrado que os extractos de alho, cebola, curcuma e neem exercem uma atividade antifúngica ou inibem a produção de aflatoxinas. A identificação dos ingredientes activos ajudaria ao desenvolvimento de ervas geneticamente modificadas com actividades melhoradas para as tornar rentáveis.

3.5.3. Fitogénicos

A cor, o cheiro, o odor, o sabor e o aroma de vários alimentos e rações desempenham um papel importante na atração dos animais por um determinado alimento (Kozasa, 1986). Os atractivos alimentares são adicionados às rações dos peixes para aumentar o consumo de ração e, consequentemente, aumentar a retenção de nutrientes, ou seja, o crescimento. Estão a ser adoptadas novas estratégias para isolar, purificar e utilizar os vários princípios activos e ingredientes químicos de plantas indígenas e ervas tradicionais como atractivos para peixes na alimentação. Isto pode ajudar a reduzir o desperdício de ração e a programar a frequência da alimentação. As plantas medicinais e aromáticas podem ser utilizadas como aditivos alimentares; podem melhorar o desempenho do crescimento animal, desempenhar um papel importante na melhoria da eficiência da utilização das dietas dos peixes e também podem ser consideradas como atractivos. Além disso, as ervas medicinais podem ser aditivos óptimos de dietas artificiais para animais aquáticos do ponto de vista das suas acções antimicrobianas e anti-sépticas.

Especiarias e ervas naturais, como manjerona, manjericão, raiz de alcaçuz, semente preta, hortelã-pimenta, cominho e cominho, demonstraram ser benéficas para Ahmad e Abdel-Tawwab (2011) e Yılmaz *et al.* (2013). Os resultados de El-Dakar *et al.* (2015) mostraram uma melhoria no crescimento da dourada e nos índices de utilização dos alimentos quando as dietas foram suplementadas com sementes de manjericão. A alimentação com folhas ou sementes de manjericão resultou num aumento da retenção de proteínas dos peixes, coincidindo com a depressão do teor de lípidos.

Os estudos recentes sobre os atractivos alimentares concentraram-se em torno de substâncias azotadas de baixo peso molecular, nomeadamente diferentes misturas de aminoácidos livres, betaína, colina, analina e nucleótidos (Mackie e Mitchell, 1985). A adição de atractivos alimentares parece ser de particular importância na aquicultura de espécies marinhas.

3.5.4. Hormonas

As abordagens endócrinas para controlar o crescimento também têm sido amplamente exploradas, principalmente as aplicações de somatotropinas como a hormona do crescimento (GH), a prolactina, o lactogénio placentário, o fator de crescimento semelhante à insulina, as hormonas da tiroide e os esteróides sexuais (Mclean e Devlin, 2000). No passado recente, há casos em que o crescimento dos peixes foi aumentado através da incorporação do gene da hormona de crescimento com promotores fortes.

3.5.5. Nutracêutico

Os nutracêuticos implicam que se demonstre que o extrato do alimento tem um benefício fisiológico ou proporciona proteção contra uma doença e/ou melhora o crescimento. Os alimentos funcionais são definidos como sendo consumidos como parte de uma dieta habitual, mas é demonstrado que têm benefícios fisiológicos e/ou reduzem o risco de doença para além das funções nutricionais básicas (Singh et al., 2008). Os nutracêuticos são frequentemente utilizados em pré-misturas de nutrientes ou em sistemas de nutrientes nos alimentos. Na aquicultura, a aplicação de nutracêuticos inclui a adição de aditivos alimentares nos alimentos para animais, tais como antioxidantes, vitaminas, minerais e carotenóides, etc. (Brower, 1998). Os nutracêuticos são também extraídos de muitos peixes, incluindo o óleo de ómega 3, o quitosano e a glucosamina, originalmente derivados de produtos residuais. Centenas de toneladas de subprodutos marinhos estão disponíveis anualmente, o que constitui uma força motriz tanto para a investigação como para a comercialização na área dos nutracêuticos marinhos. A adição de nutrientes específicos aos alimentos pode melhorar a digestão dos animais e, assim, reduzir os custos da alimentação. Atualmente, são utilizados muitos aditivos para a alimentação animal e são continuamente desenvolvidos novos conceitos com a ajuda da biotecnologia. *3.5.5.1. Aminoácidos alimentares*

Os aminoácidos essenciais são adicionados como suplementos aos alimentos para animais para melhorar o equilíbrio do perfil de aminoácidos. Uma vez que os perfis de aminoácidos dos ingredientes dos alimentos para animais não correspondem normalmente ao perfil das necessidades de aminoácidos das espécies-alvo, são adicionados aminoácidos essenciais suplementares para melhorar a utilização das proteínas. A nova tendência consiste em

formular dietas com base em níveis de aminoácidos digeríveis, reduzindo assim as necessidades de proteínas. Até à data, a lisina e a metionina têm sido utilizadas como suplementos. A lisina é produzida por fermentação microbiana e a metionina é sintetizada quimicamente. Kwasek *et al.* (2014)
mostraram que a suplementação com metionina na dieta altera a expressão de genes envolvidos no metabolismo da metionina em salmonídeos.

A fermentação de aminoácidos utilizando estirpes de alto rendimento de *Corynebacterium glutamicum* e *Escherichia coli* a partir de fontes de açúcar como o melaço, a sacarose ou a glucose é o resultado prático da biotecnologia que integra a microbiologia, a bioquímica e a engenharia química. A utilização de enzimas e de biocatalisadores de células inteiras revelou-se particularmente valiosa na produção de L-aminoácidos proteinogénicos e não proteinogénicos, D-aminoácidos e derivados de aminoácidos enantiomericamente puros (Leuchtenberger *et al.*, 2005).

Estão a ser utilizados microrganismos geneticamente melhorados (OGM) para produzir treonina e triptofano numa base comercial e, em breve, estarão também disponíveis outros aminoácidos essenciais. A utilização de todos estes aminoácidos permite reduzir o nível de proteína bruta na dieta em 2-3%, o que representa uma poupança substancial para o agricultor (Singh *et al.*, 2008).

A suplementação alimentar com um ou uma mistura destes AA pode ser benéfica para (1) melhorar os problemas de saúde em várias fases do ciclo de vida (por exemplo restrição do crescimento fetal, morbilidade e mortalidade neonatais, disfunção intestinal associada ao desmame e síndrome de perda de peso, obesidade, diabetes, doenças cardiovasculares, síndrome metabólica e infertilidade); (2) otimizar a eficiência das transformações metabólicas para aumentar o crescimento muscular, a produção de leite, a qualidade dos ovos e da carne e o desempenho atlético, prevenindo simultaneamente a deposição excessiva de gordura e reduzindo a adiposidade. Assim, os AA têm funções importantes tanto na nutrição como na saúde (Wu, 2009).

1.1.1.2. Ácidos gordos altamente insaturados (HUFA)

As fontes de HUFA incluem fontes aquáticas (peixes, crustáceos e moluscos), fontes animais (carne, ovos e leite), fontes vegetais incluindo 20 plantas; a maioria das quais eram ervas daninhas com uma boa quantidade de LC-PUFA, frutos, ervas, sementes, cianobactérias e microrganismos (bactérias, fungos, microalgas e diatomáceas). Os ácidos gordos altamente insaturados (HUFA) estão a receber uma atenção considerável devido ao seu envolvimento na saúde humana (Abedi & Sahari, 2014).

1.1.1.3. Vitaminas e oligoelementos

Como já foi referido, no caso das vitaminas, devido à disponibilidade e estabilidade variáveis das vitaminas nos ingredientes dos alimentos para animais, as vitaminas suplementares são amplamente incorporadas nos regimes alimentares. Estas vitaminas são muito mais estáveis do que as formas que ocorrem naturalmente. A vitamina C (ácido ascórbico) é uma vitamina hidrossolúvel (antioxidante) que demonstrou ser importante no metabolismo do ferro, na resposta dos anticorpos e noutras funções imunitárias dos animais homeotérmicos. A necessidade de vitamina C para o crescimento normal e a sobrevivência da dourada pode ser bastante limitada (10-20 ppm). No entanto, está provado que níveis mais elevados melhoram a defesa imunológica e a resistência ao stress por falta de oxigénio ou salinidade (Sandnes *et al.,* 1992). As necessidades de ácido ascórbico da dourada são inferiores a 25 mg/kg de dieta. As douradas que receberam uma dieta sem suplemento de vitamina C apresentaram um aumento da glucose plasmática e uma tendência para variações mais amplas do cortisol plasmático do que os peixes alimentados com dietas com suplemento de vitamina C (Montero *et al.,* 1999). Foi também referida a importância de uma suplementação suplementar das dietas dos reprodutores com ácido ascórbico para assegurar um elevado nível de vitamina C para o desenvolvimento ontogénico precoce das larvas de robalo e de dourada. Foi aprovada a importância da vitamina E como vitamina lipossolúvel essencial e como antioxidante. *A S. aurata* alimentada com uma dieta deficiente em vitamina E apresentou uma elevação mais rápida dos níveis de cortisol no plasma em resposta ao stress e uma taxa de sobrevivência inferior à dos peixes de controlo, o que indica que a deficiência de vitamina E na dieta resultou numa menor resposta ao stress (Montero *et al.,* 2001). Gonzalez *et al.* (1995) estudaram a importância de cada um dos elementos alfa-tocoferol, vitamina A e beta-caroteno no crescimento e sobrevivência da dourada. No entanto, Lall (2000) afirmou que, embora as vitaminas A, D, E e K da dieta sejam necessárias para o crescimento e desenvolvimento dos peixes, a investigação sobre os seus efeitos na saúde, incluindo funções bioquímicas, como a atividade antioxidante, a resposta imunitária, a função semelhante à das hormonas e os papéis reguladores, tem sido limitada.

Betancor *et al.* (2012) concluíram que a suplementação de larvas de robalo com microdietas ricas em DHA com selénio diminui os indicadores de stress oxidativo e as lesões musculares.

1.1.1.4. Cartenóides

O boom dos nutracêuticos também integrou os carotenóides, principalmente devido às suas comprovadas propriedades antioxidantes; os carotenóides são geralmente considerados importantes para utilização industrial em produtos alimentares, cosméticos, suplementos vitamínicos, produtos alimentares saudáveis e aditivos alimentares para aves de capoeira, gado, peixe e crustáceos. O mercado global de carotenóides atingirá 1,3 mil milhões de dólares até ao ano de 2017, devido à crescente sensibilização dos consumidores para os benefícios para a saúde proporcionados por vários carotenóides e à mudança para produtos alimentares saudáveis e naturais (Relatório da Global Industry Analysts, Inc)

Os carotenóides como a astaxantina, a luteína, o beta-caroteno e outras moléculas de elevado valor podem ser produzidos por microalgas (ou, em alguns casos, por macroalgas) e cianobactérias e podem ser industrializados (Yaakob *et al.*, 2014).

Entre os compostos carotenóides, destacam-se o ^-caroteno e a astaxantina. Estes compostos têm aplicação nas indústrias alimentar e farmacêutica devido às suas propriedades antioxidantes e capacidade de pigmentação. Por conseguinte, é lógico cultivar microalgas para a produção de carotenóides (Spolaore *et al.*, 2006). As microalgas são utilizadas para pigmentar peixes e camarões, sendo que ambos os animais de criação não têm a capacidade de sintetizar carotenóides e devem ser fornecidos na sua alimentação.

- Astaxantina

A astaxantina natural pode ser produzida por microalgas; *Haematococcus* sp., *Chlorella ofingiensis*, *Chlorococcum* sp. e a levedura *Xanthophyllomyces dendrorhous* (Priyadarshani & Rath, 2012). A suplementação das dietas dos salmonídeos com astaxantina derivada da microalga *Haematoccocus pluvialis* resulta numa deposição significativa de cartenóides e melhora visualmente a coloração da carne (Sommer *et al.*, 1991). O crescimento crescente da criação de salmonídeos criou uma enorme procura de astaxantina natural como pigmento. Nos alimentos para aquacultura, tem sido utilizada para a cultura de salmão, camarão, peixes ornamentais e dourada. A astaxantina tem sido proposta como super vitamina E devido às suas actividades antioxidantes naturais (Nakagawa *et al.*, 2011).

- Beta-caroteno

O beta-caroteno é um pigmento com uma procura crescente e uma grande variedade de aplicações no mercado: como corante alimentar, pró-vitamina A (retinol) na alimentação humana e animal, aditivo para cosméticos e preparações multivitamínicas, e como produto alimentar saudável na categoria dos antioxidantes. *A Dunaliella* sp. ocorre em oceanos, lagos de salmoura, pântanos salgados, lagoas salgadas e valas de água salgada perto do mar, tendo demonstrado conter uma elevada concentração de beta-caroteno. *A Dunaliella salina* é uma

microalga reconhecida como uma importante fonte biológica de pigmento B-caroteno, produzindo mais de 14% em biomassa seca (Spolaore *et al.*, 2006).

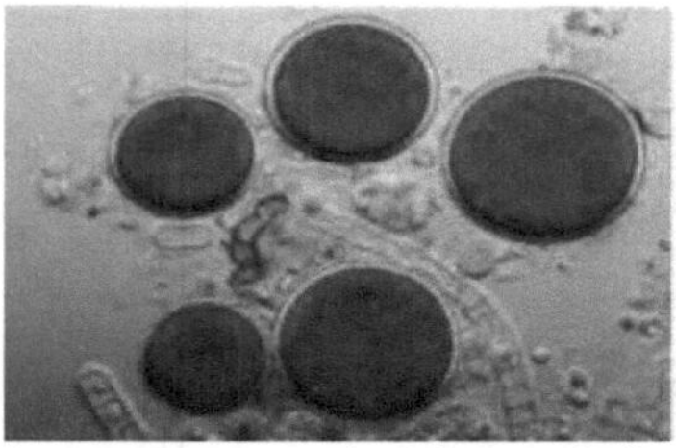

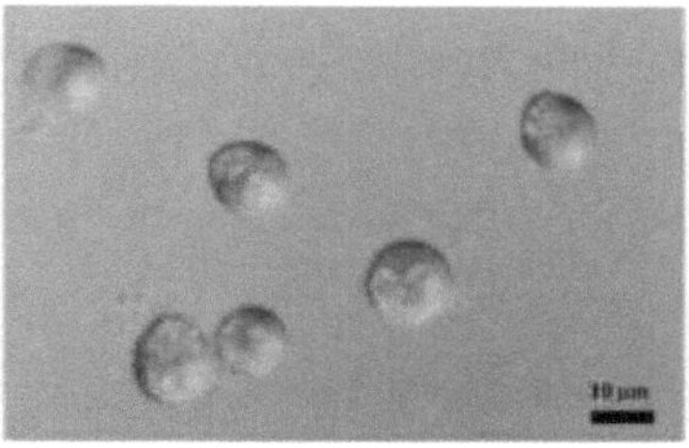

haematococcus pluvialisDunaliella *salina*

- Luteína

A luteína é outro carotenoide importante que pode ser encontrado naturalmente nas algas. A luteína tem sido utilizada para a pigmentação de tecidos e produtos animais e é considerada importante para a coloração natural dos alimentos.

1.1.1.5. Agentes antioxidantes

As células da resposta imunitária são particularmente sensíveis ao stress oxidativo e aos danos nas membranas provocados pelos radicais livres, uma vez que dependem fortemente da comunicação entre células através de receptores da membrana celular. Além disso, a ação fagocitária de algumas destas células liberta radicais livres que podem danificar rapidamente estas células se não forem neutralizados por antioxidantes (Herrero *et al.*, 2006).

Os "antioxidantes" são as substâncias que neutralizam os radicais livres ou as suas acções.

Estas substâncias são capazes de neutralizar os radicais livres ou as suas acções, actuando a diferentes níveis de prevenção, interceção e reparação. Existem provas epidemiológicas que correlacionam uma maior ingestão de compostos/alimentos com capacidades antioxidantes com uma menor incidência de várias morbilidades ou mortalidades humanas. Sabe-se que os produtos naturais de componentes dietéticos, como as especiarias indianas e as plantas medicinais como *Allium cepa, Allium sativum, Bacopa monera, Curcuma longa, Ocimum sanctum*, etc., possuem atividade antioxidante (Kaur *et al.*, 2012).

As fontes marinhas; os subprodutos da transformação do peixe, as algas e outros organismos marinhos são boas fontes de péptidos antioxidantes. A biomassa microalgal é considerada uma fonte natural rica em compostos antioxidantes, como a astaxantina, o propionato de dimetil sulfónio e os aminoácidos de micosporina, que têm aplicações potenciais na alimentação, cosmética e medicina (Li *et al.*, 2007). Para além destes compostos, também se podem encontrar pigmentos, lípidos e polissacáridos com atividade antioxidante na biomassa microalgal. Além disso, os péptidos antioxidantes de origem marinha podem ser utilizados em suplementos para melhorar as defesas do organismo contra o stress oxidativo ou em produtos alimentares para evitar a oxidação lipídica.

As futuras abordagens biotecnológicas incluem a terapia genética para produzir mais antioxidantes no corpo dos peixes, produtos vegetais geneticamente modificados com um nível mais elevado de antioxidantes, enzimas antioxidantes sintéticas, novas biomoléculas e a utilização de alimentos funcionais enriquecidos com antioxidantes.

3.5.6. Imunoestimulantes

Um fator limitante significativo para a expansão e produtividade da aquacultura marinha é a doença e, em resposta, há uma grande dependência de antibióticos, quer para tratar a doença ou em doses mais baixas como profilático e promotor de crescimento (Hernandez-Serrano 2005). No entanto, a investigação mostra cada vez mais que a utilização excessiva de antibióticos pode ter consequências adversas, como o desenvolvimento de bactérias resistentes aos antibióticos, que podem ser prejudiciais para o animal hospedeiro, para o ambiente e, potencialmente, para os consumidores humanos (Marshall e Levy, 2011). Devido a estas preocupações, a União Europeia proibiu a utilização de antibióticos alimentares nos alimentos para animais como medida profiláctica em 2006 (FAO, 2007). No entanto, os antibióticos, como a oxitetraciclina (OTC), continuam a ser utilizados como tratamento e/ou profilaxia mais comum contra doenças bacterianas, incluindo *o Streptococcus*.

Por definição, um imunoestimulante é uma substância química, um fármaco, um fator de stress ou uma ação que aumenta a resposta imunitária inata ou não específica, interagindo diretamente com as células do sistema que as activam. Os imunoestimulantes, especialmente quando administrados através da dieta, foram considerados como tendo um papel potencialmente importante na aquicultura. Os imunoestimulantes aumentam a resistência às doenças infecciosas, não por melhorarem a resposta imunitária adquirida, mas por melhorarem o mecanismo de defesa inato humoral e celular. Os compostos imunoestimulantes são frequentemente agrupados por função ou origem em grupos, como se mostra no Quadro (1).

Foi relatado que vários nutrientes e aditivos alimentares, incluindo vitaminas (vitamina A), oligoelementos, ácidos gordos essenciais e carotenóides, desempenham papéis importantes na resposta imunitária dos peixes. Além disso, o interesse nos ácidos orgânicos como agentes imunoestimulantes está a aumentar (Sarker *et al.*, 2012). Muitos exemplos mostraram um aumento relevante da resposta imunitária e/ou da resistência a vários agentes patogénicos em peixes marinhos, como o salmão do Atlântico (*Salmo salar*), a dourada (*Sparus aurata*), a solha-japonesa (*Paralychtys olivaceus*), o goraz (*Pagrus major*), o pregado (*Scopthalmus maximus*) e o rabo amarelo (*Seriola quinqera*), sugerindo um papel relevante dos imunoestimulantes na aquicultura (Galindo-Villegas e Hosokawa, 2004).

3.5.6.1. Ácidos orgânicos

Os ácidos orgânicos são compostos orgânicos com um ou mais grupos carboxilo (- COOH) na sua estrutura. Estes incluem ácidos gordos de cadeia curta (C1-C7), ácidos gordos voláteis ou ácidos carboxílicos fracos, como o ácido fórmico, cítrico, benzoico e lático. Os ácidos orgânicos são classificados como "geralmente considerados seguros" e a aplicação de ácidos orgânicos em rações aquáticas e seus impactos no crescimento dos peixes, na utilização de nutrientes e na resistência a doenças foram recentemente revistos (Ng e Koh, 2011).

Rodriguez *et al.* (2016) concluíram que os dois ácidos orgânicos, polihidroxibutirato e diformato de potássio, têm respostas imunológicas variáveis no tambor vermelho e mostraram maior potencial como imunoestimulante. Também Koh *et al.* (2016) indicam que a mistura de ácidos orgânicos da dieta pode potencialmente substituir a oxitetraciclina como promotor de crescimento e antimicrobiano em rações para tilápia. Um grande número de microorganismos, incluindo bactérias como *Arthrobacter paraffinens, Bacillus licheniformis, Corynebacterium sp, Lactobacillus casei, L. helveticus, L. paracasei, Streptococcus thermophilus;* fungos como *Aspergillus niger, A. aculeatus, A. carbonarius, A. awamori, A. foetidus, A. fonsecaeus, A. phoenicis, Rhizopus oryzae, Penicillium janthinellum;* e leveduras *como Candida tropicalis, C. oleophila, C. guilliermondii, C. citroformans, Hansenula anamola, Yarrowia lipolytica*, etc., têm sido utilizadas para a produção de ácidos orgânicos. Foram feitos esforços para desenvolver estirpes microbianas que pudessem produzir elevados rendimentos de ácidos orgânicos. A técnica mais comummente utilizada tem sido a indução de mutações nas estirpes parentais utilizando mutagénicos. Entre os agentes mutagénicos, são frequentemente utilizados a radiação y, a radiação UV e os agentes mutagénicos químicos. Entre as diferentes abordagens, uma tem sido a combinação do tratamento UV com alguns mutagénicos químicos (Mienda e Idi, 2011).

Tabela (1): Imunoestimulantes testados em peixes marinhos e de água doce

Grupos	Substâncias
Substâncias biológicas	Extractos animais e vegetais: EF-203 (Galinha). Ete (Tiuiicate). Hde (Abalone). Lulas de pirilampo. *Qtiillaja saponica* (árvore do sabão). Glycyirhizin (Alcaçuz). Laminaran (Alga marinha) Derivados bacterianos: Peptidoglycaii B-glucan (MacroGard. VitaSthn. SSG. Eco-Ativa. Betafectm), FCA,EF-203, Lypopolysaccaride (LPS), células de *Clostridium butyricum*. Células *de Achroiiiobacter Stenohalis*. Células *de Vibrio anguillarum* Honnonas, citocinas e outros: Hormona de crescimento, Interferão. Iuterleuckhı-2. Lactofemn. Nucleótidos. Prolactina. TNF Factores nutricionais: Vitaminas C, E, A. Nucleótidos. Oligoelementos (Zinco. Ferro. Cobre. Sélénium). Proteínas. Polissacáridos de hidratos de carbono: C hitina. Quitosano, Lentiniano. Oligossacáridos. Sclerotiiini. Schizopliyllaii
Produtos químicos sintéticos	Aviidina. Bestatm. DW-2929. FK-156. FK-565. Fluoro-quindona, adjuvante de Freund. Isoprinosídeo. Levamisole. Mmamil dipeptídeo (MDP).

Galindo-Villegaas &Hosokawa (2004)

Ferramentas biotecnológicas para o estudo da relação entre a nutrição e a imunidade dos peixes

1- Epigénese

Estensoro *et al.* (2012) estudaram a modulação da expressão do gene IgM e a distribuição de células imunoreactivas IgM através da alimentação com uma mistura de óleos vegetais em douradas (*Sparus aurata*) desafiadas com *Enteromyxum leei* (Myxozoa) e concluíram que os estudos de expressão do gene mostraram que o aumento de IgM é mais pronunciado ao nível local onde o parasita prolifera (intestino) do que nos órgãos linfohematopoiéticos (cabeça, rim e baço). O tempo de exposição ao parasita (que determina o nível de infeção) é o fator mais determinante para o fenótipo de aumento da IgM intestinal observado, mas é ampliado pela alimentação a longo prazo com uma dieta rica em VO que, no entanto, não afectou o crescimento ou a utilização de nutrientes.

2- Biomarcadores

Terova *et al.* (2009) estudaram os efeitos da utilização de Bio-Moss (glucano) como aditivo alimentar em dietas de robalo como imunoestimulante e detectaram a dicentracina como biomarcador. Os resultados indicaram que o Bio-Mos é um indutor eficaz da expressão do gene da dicentracina no robalo europeu (*Dicentrarchus labrax*).

3.5.7. Probióticos

Os microrganismos estão naturalmente presentes no sistema digestivo dos animais. Alguns micróbios ajudam a digestão, outros podem potencialmente causar patogénese. A ecologia microbiana do intestino merece maior atenção devido às suas implicações na nutrição, na conversão alimentar e no controlo das doenças. A utilização de antibióticos perturba o equilíbrio microbiológico da flora intestinal, eliminando a maior parte da flora benéfica. Ao interromper o tratamento com antibióticos, os agentes patogénicos começam a restabelecer-se no intestino. O crescimento excessivo destes organismos e a subsequente invasão do sistema por organismos patogénicos causam problemas inflamatórios, imunológicos, neurológicos e endocrinológicos.

A utilização de probióticos pode ajudar a desenvolver as bactérias benéficas no intestino e a excluir competitivamente as bactérias patogénicas (Gatesoupe, 1999). As bactérias probióticas também libertam enzimas, que ajudam na digestão dos alimentos. O conceito de utilização de probióticos nos alimentos para animais, em especial nas aves de capoeira e na aquicultura, está a tornar-se lentamente popular.

Foi avaliada uma vasta gama de microalgas como *Dunaliella salina, Spirulina platensis, Chlorella vulgaris* e leveduras como *Debaryomyces, Phaffia* e *Saccharomyces* Bactérias Gram-positivas como *Bacillus, Carnobacterium, Enterococcus, Lactobacillus, Lactococcus, Micrococcus, Streptococcus* e *Weissella* e bactérias Gramnegativas como *Aeromonas, Alteromonas, Photorhodobacterium, Pseudomonas* e *Vibrio*. Os organismos comuns nos produtos probióticos são *Aspergillus oryzae, Lactobacillus acidophilus, L. bulgaricus, L.plantarium, Bifi dobacterium bifi dium, Streptococcus lactis* e *Saccharomyces cerevisiae*. Estes produtos podem ser administrados através da água ou incorporados nos alimentos.

A aplicação de microrganismos probióticos em aquacultura é considerada como um método profilático alternativo para remediar os problemas de sobrevivência encontrados em diferentes fases da criação intensiva e tem sido relacionada com vários efeitos benéficos, nomeadamente a modulação da microbiota intestinal e do sistema imunitário, bem como o aumento da sobrevivência, desenvolvimento, nutrição e resistência às doenças. Este conceito constitui a base de uma estratégia para a formulação de dietas "inteligentes" contendo espécies microbianas cuidadosamente selecionadas, que efectuariam modificações específicas na dieta de base a fim de otimizar a disponibilidade de nutrientes para os peixes.

Modo de ação:

Os probióticos fornecem proteção através da produção de compostos antimicrobianos, competindo por nutrientes essenciais e locais de adesão ou modulando a resposta imunitária (Verchuere *et al.*, 2000). Os probióticos afectam o hospedeiro que podem ser diretos ou indirectos, incluindo a melhoria da função de barreira, a modulação do sistema imunitário da mucosa, a produção de agentes antimicrobianos, a melhoria da digestão e da absorção dos alimentos e a alteração da microflora intestinal. A administração de *Lactobacillus rhamnosus* estimula a explosão respiratória nos leucócitos da truta arco-íris (Nikoskelainen *et al.*, 2003) e também *o Clostridium butyricum* aumenta a resistência contra o *Vibrio* sp. ao aumentar a atividade fagocítica dos leucócitos. Ran *et al.* (2016) concluíram que a suplementação dietética de levedura de padeiro viva melhorou o crescimento e a utilização de ração da tilápia do Nilo. Resultados semelhantes foram relatados anteriormente em várias espécies de peixes alimentados com levedura viva, com os benefícios atribuídos a uma melhor digestibilidade da dieta e da proteína (Lara-Flores *et al., 2003).* Conclui-se que o probiótico *B. circulans* pode ser usado como suplemento em dietas formuladas para alevinos de rohu para uma melhor utilização de nutrientes através do aumento do nível endógeno de enzimas (Ghosh et al., 2001). No entanto, é necessária mais investigação para estabelecer os seus modos de ação exactos. A aplicação de probióticos na nutrição de peixes marinhos será amplamente discutida mais tarde.

3.5.8. Prebióticos

Os prebióticos são hidratos de carbono que podem ser classificados de acordo com o seu tamanho molecular ou grau de polimerização (número de unidades monossacáridas) em monossacáridos, oligossacáridos ou polissacáridos. As fibras alimentares pertencem à grande categoria dos hidratos de carbono. Os prebióticos são considerados como componentes não digeríveis que são metabolizados por bactérias específicas que promovem a saúde, tais como *Lactobacillus* e *Bifidobacterium*. Estas bactérias são benéficas para a saúde e o crescimento do hospedeiro, diminuindo a presença de agentes patogénicos intestinais e/ou alterando a produção de metabolitos bacterianos relacionados com a saúde (Manning e Gibson, 2004). Os hidratos de carbono fermentáveis são considerados os mais promissores em termos de influência positiva sobre a composição e a atividade do microbiota indígena do trato gastrointestinal (GI) (Bauer *et al.*, 2006). Os prebióticos específicos utilizados em tais aplicações incluem os mananoligossacáridos (MOS), os frutooligossacáridos (FOS), os isomaltooligossacáridos (IMO), os xilooligossacáridos (XOS) e a inulina. Os mananoligossacáridos são obtidos principalmente a partir das paredes celulares das leveduras. Outras fontes de MOS são a farinha de copra ou de palmiste. Os MOS interferem com a colonização dos agentes patogénicos. O conceito de prebióticos na alimentação aquática é bastante recente. O crescimento foi significativamente aumentado no robalo alimentado com MOS como aditivo alimentar e também a resistência à infeção foi melhorada (Torrecillas *et al.*, 2007). As bactérias possuem lectinas (glicoproteínas) na superfície celular que reconhecem açúcares específicos e permitem que a célula se ligue a esse açúcar. Assim, a ligação de *Salmonella*, *E.coli* e *Vibrio* sp. é comprovadamente mediada por uma substância semelhante a uma lectina específica da manose presente na superfície da célula bacteriana. Do mesmo modo, os fruto-oligossacáridos da chicória foram utilizados como prebióticos para excluir competitivamente as bactérias patogénicas (Xu *et al.*, 2003). O pH do lúmen é reduzido, impedindo assim a entrada de bactérias patogénicas. O conceito de utilização de prebióticos ainda não foi aceite, mas as vantagens dos prebióticos são o facto de poderem suportar temperaturas de peletização elevadas nos alimentos para animais e de terem também um prazo de validade longo.

Foi demonstrado que as aplicações de prebióticos aumentam o crescimento e a sobrevivência durante a cultura, melhoram a conversão alimentar, melhoram o desenvolvimento, aumentam a sobrevivência e melhoram o estado imunitário e/ou a tolerância ao stress. Estes benefícios são mediados por uma microbiologia gastrointestinal modulada e por estruturas gastrointestinais físicas melhoradas, que podem ser responsáveis por uma melhor conversão alimentar e, consequentemente, pelo crescimento das espécies hospedeiras. No entanto, é evidente que a eficiência dos prebióticos depende de uma série de factores independentes e interactivos específicos das condições de cultura e das espécies hospedeiras; é necessária mais investigação para elucidar estes factores, a fim de melhorar as aplicações dos prebióticos (Lauzon *et al.,* 2014).

Metabolismo das algas e manipulação da biotecnologia

As algas são o ponto de partida biológico ou os produtores primários para o fluxo de energia através das cadeias alimentares aquáticas. As algas são definidas como um conjunto heterogéneo de organismos que variam em tamanho, desde células minúsculas até algas gigantes. As algas podem ser diferenciadas (pelo tamanho e estrutura do corpo) quer em microalgas (com corpos algais que necessitam de microscópio para serem observados) quer em macroalgas. A composição nutricional das algas está bem documentada e contém principalmente proteínas, hidratos de carbono, lípidos e nutrientes vestigiais, incluindo vitaminas, antioxidantes e oligoelementos.

Além disso, as algas podem produzir uma grande variedade de metabolitos, incluindo astaxantina, luteína, beta-caroteno, clorofila, ficobiliproteína, ácidos gordos polinsaturados (PUFAs), beta-1,3 glucano. Todos estes componentes das algas têm as caraterísticas necessárias para serem um suplemento natural na alimentação humana e animal, substituindo os componentes sintéticos ou satisfazendo a procura crescente de tais ingredientes, que têm várias actividades biológicas. As paredes celulares das algas marinhas são ricas em polissacáridos sulfatados de matriz (SPs) e apresentam actividades biológicas benéficas, tais como propriedades anticoagulantes (Mao *et al*., 2009), antivirais (Ponce *et al*., 2003), antioxidantes (Ruperez *et al*., 2002), anticancerígenas (Synytsya *et al*., 2010) e anti-inflamatórias (Na *et al*. 2010).

Na aquacultura, as algas têm recebido atenção como fontes alternativas de proteínas adequadas para peixes de viveiro, uma vez que o seu teor proteico e as suas taxas de produção são elevados (Güroy *et al*., 2007). Além disso, as macroalgas secas foram utilizadas como aditivo alimentar (Saleh *et al*., 2014). Rodriguez *et al*. (2016) concluíram que os dois extractos de algas; carragenina e ácido algínico têm respostas imunológicas variáveis no tambor vermelho e mostraram maior potencial como imunoestimulante.

As microalgas são microrganismos fotossintéticos capazes de gerar rapidamente biomassa a partir da energia solar, CO_2 e nutrientes em massas de água. Estes microrganismos contêm muitos compostos bioactivos, tais como proteínas, polissacáridos, lípidos, vitaminas, enzimas, esteróis e outros compostos de elevado valor com importância farmacêutica e nutricional que podem ser utilizados para fins comerciais (yuan *et al*., 2011).

As proteínas de microalgas são de grande interesse como fonte de péptidos bioactivos que contribuem para benefícios para a saúde. Estes compostos podem incluir factores de crescimento, hormonas e imunomoduladores e podem ajudar a substituir tecidos danificados. Os compostos lipídicos mais importantes das microalgas são os ácidos gordos polinsaturados (PUFAs) ácido docosahexaenóico (ω-3 C22:6) (DHA), ácido eicosapentaenóico (C20 w-3:5) (EPA) e ácido araquidónico (ω-6 C20:4) (ARA). As microalgas podem ser utilizadas para pigmentar peixes e camarões, uma vez que os animais de criação, que não têm capacidade para sintetizar carotenóides, os recebem na sua alimentação, como já foi referido.

Recentemente, surgiu um interesse na produção de compostos bioactivos a partir de microalgas, impulsionado por um número crescente de estudos científicos que demonstram os efeitos benéficos destes compostos para a saúde (Kulshreshtha *et al.*, 2008). São considerados como; antioxidantes, anticancerígenos, antimicrobianos, antivirais, antibacterianos, nematicidas, moluscicidas (Mostafa, 2012).

As principais aplicações das microalgas em aquacultura estão associadas à nutrição, sendo utilizadas frescas como componente único ou como aditivo alimentar a nutrientes básicos para colorir a carne dos salmonídeos e para induzir outras actividades biológicas. As espécies mais frequentemente utilizadas são *Chlorella, Tetraselmis, Isochrysis, Pavlova, Phaeodactylum, Chaetoceros, Nannochloropsis.*

A extração de metabolitos de algas (Tabela 2) através de métodos biotecnológicos foi esclarecida por Bermudez *et al.* (2014). Além disso, é necessário desenvolver novas estirpes (crescimento mais rápido, maior tolerância ao substrato, etc.) através da seleção clássica ou da manipulação genética para que a biomassa microalgal possa ser produzida de forma consistente (Mostafa, 2012). As microalgas são ideais como fontes de compostos marcados isotopicamente estáveis. São facilmente manuseadas e cultivadas, e a sua capacidade de realizar fotossíntese permite-lhes incorporar^{13} C,^{15} N e^{2} H de compostos inorgânicos relativamente baratos (ou seja,^{13} $_{CO2}$,^{15} $_{NO3}$ e^{2} $_{H2O}$) em compostos orgânicos mais valiosos. No caso das microalgas unicelulares, cada célula é exposta ao isótopo, o que resulta numa marcação uniforme dos compostos. Os sistemas fechados de fotobiorreactores permitem uma conversão muito elevada de^{13} $_{CO2}$ em biomassa, minimizando assim o custo associado à produção de^{13} substratos marcados com C. Dois compostos marcados isotopicamente estáveis comummente utilizados em culturas celulares são a glucose e o glicerol. Sabe-se que muitas algas (especialmente as clorófitas) acumulam níveis elevados de glucose sob a forma de amido. Quando estes organismos são cultivados na presença de $^{13}CO_2$, produzem amido marcado que pode depois ser facilmente hidrolisado e purificado como ^{13}C -glucose cristalina. Do mesmo modo, *a Dunaliella* produz níveis elevados de glicerol e tem sido utilizada para a produção de ^{13}C - glicerol *(Apt e Behrens*, 1999).

Papel da biotecnologia e da engenharia genética:

A ideia de efetuar engenharia genética de microalgas, por exemplo, para aumentar o seu teor de compostos valiosos, é muito tentadora. As diatomáceas são especialmente interessantes para a biotecnologia porque têm o potencial fisiológico para acumular elevadas proporções de lípidos. Estes avanços muito promissores devem, no entanto, ser encarados com cautela pelas seguintes razões:

- A acumulação de substâncias valiosas nas algas através da transformação genética só pode aumentar até um ponto em que o metabolismo celular começa a ser afetado negativamente. Este limiar pode ser bastante baixo e, por conseguinte, os benefícios negligenciáveis
- As algas transgénicas representam potencialmente uma ameaça considerável para o ecossistema e serão muito provavelmente banidas dos sistemas de cultivo ao ar livre e sujeitas a uma regulamentação rigorosa.

Normalmente, as células transgénicas apresentam uma menor aptidão do que as células de tipo selvagem e, por conseguinte, as células que perdem o gene recém-introduzido ultrapassam rapidamente os transformantes. Para evitar esta situação, é necessária uma pressão de seleção constante, geralmente através da adição de antibióticos, o que constitui um risco potencial para a saúde pública (Pulz e Gross, 2004).

Fotobiorreactor

Tabela (2): Metabolitos de algas

	MicroalgasCompostos bioactivos
Spirulina sp.	Polissacáridos
Ficocianina, C-ficocianina, ácidos fenólicos, tocoferóis	
Spirulina platensis	(vitamina E), neofitadieno, fitol, ácidos gordos PUFAs (n-3)
ácidos, ácido oleico, ácido linolénico, ácido palmitoleico	
	SpirulinafusiforniisDiacilgliceróis
Haeniatococcus pluvialis	Astaxantina luteína, Zeaxantina, Cantaxantina, luteína,
	p-caroteno, ácido oleico
	Carotenóides, polissacáridos sulfatados, esteróis, PUFAs
Cnlorella sp.	ácidos gordos *(n-3)*
Chlorella vulgarisCanthaxantina	, astaxantina, péptido, ácido oleico
Chlorella	minutissimaÁcido *eicosapentaenóico* (EPA)
Chlorella ellipsoideaZeaxantina	, Violaxantina
Dunaliella salina	trans-betacaroteno, eis-betacaroteno, β-caroteno, oleico
ácido, ácido linolénico, ácido palmítico	
	DunaliellaDiacilgliceróis
Botryoeoccus braunii	Alcadienos lineares (C25, C27, C29, e C31), trieno (C29)
Chlorella	ZofingiensisAstaxantina
Chlorella prototheeoidesLuteína	, zeaxantina, cantaxantina
Chlorella pyrenoidosaLuteína	, polissacárido sulfatado
Nostoe linckia e *Nostoc*	SpongiaeformeBoroficina
Q *Nostoc* sp.	Criptofina

Cuellar-Bermudez et al. (2014)

Papel da biotecnologia na gestão da qualidade e na deteção de contaminantes em alimentos para peixes

Poderiam ser desenvolvidas e utilizadas ferramentas modernas e biotecnológicas como a PCR, a biomonitorização e o diagnóstico baseado no ADN/gene para a deteção de fungos *Aspergillus*, espécies de *Salmonella*, micotoxinas e outros contaminantes nos alimentos para peixes e no ambiente alimentar. As tecnologias de deteção espectrofotométrica UV/visível e HPLC poderiam também ser utilizadas para a deteção de vários outros contaminantes perigosos para a saúde, metais pesados, xenobióticos, antibióticos, pesticidas, etc., nos alimentos para peixes.

Aplicações da biotecnologia nutricional em incubadoras

6.1. Intervenção nutricional dos reprodutores/ovos

Preparar os peixes para novos alimentos utilizando a "Programação Nutricional" para afetar a fisiologia e o metabolismo dos peixes através da epigenética. Izquiredo *et al.* (2015) estudaram a programação nutricional através de dietas de reprodutores para melhorar a utilização de farinha de peixe muito baixa e óleo de peixe em dourada e demonstraram o potencial interessante da programação nutricional precoce de peixes marinhos através da alimentação de reprodutores para melhorar o desempenho a longo prazo da prole. Kaushik (2015) ilustrou que é possível alterar a composição do ovo / vitelus através da nutrição dos reprodutores (FA, alimentos vegetais, vitaminas...) ou através de uma intervenção específica no ovo (injeção, sonophorisis).

6.2. Intervenção nutricional das larvas

Nalgumas espécies, como o pargo, a solha, o robalo e a dourada, o intestino das larvas marinhas do saco vitelino, após a eclosão, é direito, frequentemente com células ciliadas, estéril e sem boca aberta. Este facto está relacionado com o funcionamento fisiológico do sistema digestivo. A partir deste momento, pensa-se que o trato gastrointestinal é um dos locais mais importantes e íntimos de interação com o exterior, bem como de invasão patogénica nos peixes. A abertura da boca nas larvas de pargo e de dourada ocorre quatro dias após a eclosão. Lee (2003) referiu que as larvas de teleósteos marinhos ainda não foram criadas em massa com dietas comerciais compostas desde a primeira alimentação, mas que, em vez disso, necessitam de algum alimento vivo durante as fases iniciais. A criação de larvas é geralmente efectuada em condições controladas e requer técnicas de cultura de espécies que são normalmente diferentes dos procedimentos convencionais de criação e crescimento, especialmente no que diz respeito à técnica de criação, às estratégias de alimentação e ao controlo microbiano.

As suas dietas naturais incluem diferentes tipos de fitoplâncton, pequenos zooplâncton e algumas larvas de invertebrados. As microalgas são o principal alimento das larvas de peixes marinhos; são o alimento vital dos rotíferos que, por sua vez, são utilizados para alimentar as larvas. Por conseguinte, não é surpreendente que as microalgas sejam tão importantes na indústria da aquacultura. A alimentação dos rotíferos é seguida pela alimentação da artémia Artemia sp. que é o alimento vivo mais importante para a criação intensiva de dourada e robalo.

6.2.1. *Melhoria do valor nutritivo dos rotíferos (Brachionus plicatilis)*

As microalgas marinhas são a melhor dieta para os rotíferos e podem ser obtidos rendimentos muito elevados se houver algas suficientes e se for seguida uma gestão adequada (Ramanathan, 2003). Os rotíferos podem ser enriquecidos com algas de boa qualidade, tais como *Tetraselmis* sp., *Isochrysis galbana*; emulsões de óleo contendo HUFA, vitaminas, proteínas e dietas formuladas (Dhert *et al.*, 2001).

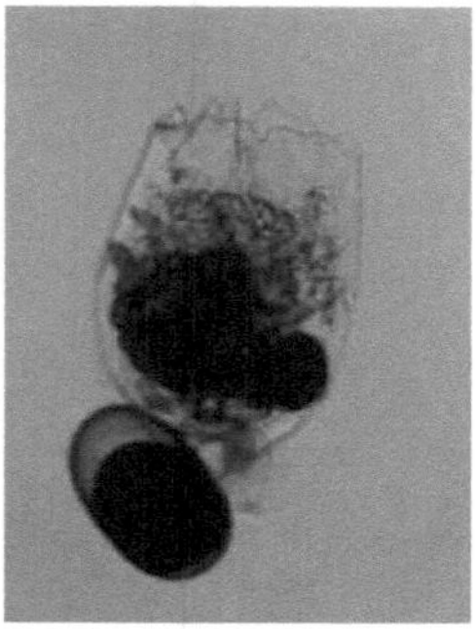

6.2.2. *Melhoria do valor nutritivo da Artemia:*

Os náuplios *de artémia* revelaram uma deficiência em ácidos gordos EPA e DHA. Os peixes marinhos são incapazes de sintetizar AGPI, pelo que a artémia pode ser enriquecida com AGPI, fosfolípidos e vitaminas. Este método simples, denominado bioencapsulamento ou enriquecimento, é amplamente aplicado nas maternidades de peixes marinhos.

6.2.3. *Formulação de microdietas:*

Duas décadas de investigação sobre a formulação de microdietas para substituir o bioalimento na larvicultura tiveram apenas um êxito limitado. As microdietas devem ser estáveis na água durante muito tempo, ser atractivas para as larvas e manter-se em movimento até que as primeiras larvas que se alimentam possam capturá-las. Os materiais de ligação encapsulantes devem ser facilmente decompostos para libertar os nutrientes no trato alimentar das larvas.

6.2.3.1. *Tipos de microdietas e aplicações da biotecnologia*

As microdietas formuladas podem ser classificadas em três tipos:

1- A dieta microencapsulada (MED) contém ingredientes em solução, coloide ou em suspensão, encapsulados numa matriz polimérica, sendo a cápsula quebrada para libertar o conteúdo e as ligações peptídicas da cápsula submetidas a hidrólise enzimática, fornecendo assim nutrientes. Os MED são à base de nylon-proteína, gelatina-goma acácia, albumina de ovo, glicopeptídeos e quitosano.

2- A dieta microaglomerada (MBD) consiste em partículas em pó unidas por um aglutinante; um hidrato de carbono complexo ou uma proteína com propriedades de adsorção e aderência. São utilizados a carragenina, o ágar, a zeína e a gelatina.

3- Dietas micro-revestidas (MCD) Dieta na qual os componentes são revestidos com substâncias nutritivas e digeríveis que tornam as partículas impermeáveis à água. A MCD pode utilizar zeína, lecitina de colesterol ou proteína de nylon

6.2.3.2. *Melhoria da microdieta utilizando aditivos alimentares*

- As dietas suplementadas com enzimas digestivas exógenas melhoraram a digestibilidade em 30%, tendo a enzima aumentado a assimilação das proteínas em *Sparus aurata* (Tandler e Kolkovski, 1991).
- A taxa de ingestão é melhorada fornecendo microdietas com betaína e alguns aminoácidos livres, como a alanina, a glicina e a arginina, como atrativo (Kolkovski *et al.*, 1997).
- O hidrolisado de proteínas é considerado um aditivo valioso na alimentação das larvas.
- Utilização de probióticos na alimentação de larvas de peixes marinhos. Os probióticos podem estimular a imunidade intestinal dos peixes (Sakari, 1999).
- Utilização de prebióticos na alimentação como oligossacáridos, lactose, inulina (Teitelbaum e Walker, 2002).

Aplicações da biotecnologia microbiana na nutrição de peixes

Os habitats aquáticos contêm diversas comunidades microbianas e o seu papel nas redes alimentares detríticas e na mineralização orgânica, nomeadamente através de bactérias, tem sido bem estudado. Os estudos microbiológicos delineiam as interações tróficas e definem os padrões de fluxo de nutrientes e de energia, fornecendo ferramentas específicas para modificações ambientais, bem como produtos que podem substituir os produtos químicos ou os dispositivos mecânicos.

A tecnologia microbiana para a aquicultura, que inclui aspectos como a biofertilização, a transformação microbiana da matéria orgânica, a utilização de probióticos e o aumento da digestibilidade dos alimentos, o enriquecimento de detritos e o encurtamento das cadeias alimentares para obter melhores taxas de transferência de energia, a gradação genética de estirpes bacterianas, a biofiltração e a reciclagem de resíduos, bem como as técnicas relativas à tecnologia pós-colheita, são muito promissoras para melhorar a aquicultura.

7.1. Tecnologia Biofloc

O sistema de aquicultura amigo do ambiente denominado "Tecnologia Biofloc (BFT)" é considerado um sistema alternativo eficiente, uma vez que os nutrientes podem ser continuamente reciclados e reutilizados. A abordagem sustentável deste sistema baseia-se no crescimento de microrganismos no meio de cultura, beneficiado pela troca mínima ou nula de água. Estes microrganismos (bioflocos) desempenham dois papéis principais: (i) manutenção da qualidade da água, através da absorção de compostos azotados que geram proteína microbiana "*in situ*"; e (ii) nutrição, aumentando a viabilidade da cultura através da redução do rácio de conversão alimentar e da diminuição dos custos da alimentação (Emerenciano *et al.*, 2013).

Sendo um sistema fechado, a BFT tem a vantagem primordial de minimizar a libertação de água para rios, lagos e estuários contendo animais fugitivos, nutrientes, matéria orgânica e agentes patogénicos. Além disso, as áreas circundantes são beneficiadas pelo "crescimento vertical" em termos de produtividade, evitando a destruição de áreas costeiras ou interiores, a eutrofização induzida e a perda de recursos naturais. A água drenada das lagoas e tanques contém frequentemente concentrações relativamente elevadas de azoto e fósforo, nutrientes limitantes que induzem o crescimento de algas, o que pode causar uma eutrofização grave e condições anaeróbias adicionais nas massas de água naturais. Na BFT, a descarga mínima de água e a reutilização da água evitam a degradação do ambiente e convertem este sistema num verdadeiro "sistema amigo do ambiente" com uma abordagem "verde". A troca mínima de água mantém o calor e a flutuação da temperatura é evitada, permitindo o crescimento de espécies tropicais em zonas frias.

O BFT tem sido objeto de intensa investigação no domínio da nutrição como fonte de proteínas em alimentos compostos para animais. Esta fonte é produzida sob a forma de "farinha de bioflocos", principalmente em bioreactores (Kuhn *et al.*, 2009). Além disso, a rápida disseminação e o grande número de explorações de BFT em todo o mundo induziram um esforço significativo de investigação dos processos envolvidos nos sistemas de produção de BFT.

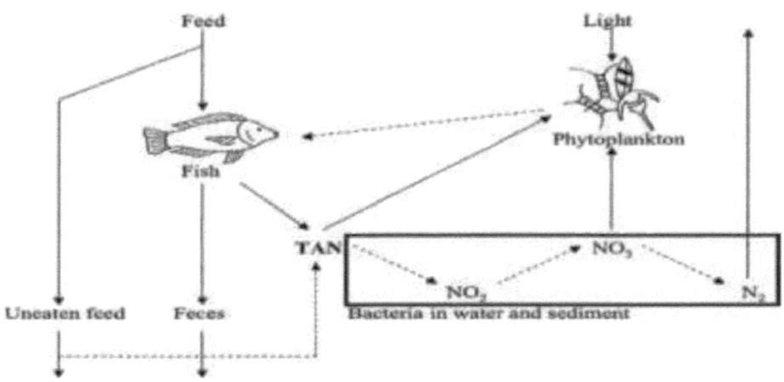

O papel dos microrganismos

A matéria orgânica particulada e outros organismos da teia alimentar microbiana têm sido propostos como potenciais fontes de alimento para os animais aquáticos (Moriarty, 1997). Na BFT, os microrganismos desempenham um papel fundamental na nutrição dos animais cultivados. Os macroagregados (bioflocos) são uma fonte natural rica em proteínas e lípidos disponível "*in situ*" 24 horas por dia. Na coluna de água ocorre uma interação complexa entre a matéria orgânica, o substrato físico e uma grande variedade de microrganismos, tais como o fitoplâncton, bactérias livres e aderentes, agregados de matéria orgânica particulada e herbívoros, tais como rotíferos, ciliados e flagelados, protozoários e copépodes (Ray *et al.*, 2010a) (Fig. 2). Esta produtividade natural desempenha um papel importante na reciclagem de nutrientes e na manutenção da qualidade da água.

O consumo de bioflocos por camarões ou peixes tem demonstrado muitos benefícios, como a melhoria da taxa de crescimento, a diminuição da TCA e os custos associados à alimentação. O aumento do crescimento tem sido atribuído aos componentes nutricionais das bactérias e das algas, que podem reduzir até 30% da ração convencional devido ao consumo de bioflocos pelos camarões (Panjaitan, 2004).

Além disso, o consumo de macroagregados pode aumentar a retenção de azoto dos alimentos adicionados em 7-13%. Neste contexto, a BFT tem impulsionado oportunidades de utilização de dietas alternativas. As rações com baixo teor proteico e as rações com fontes proteicas alternativas diferentes dos produtos de origem marinha (ou seja, farinha de peixe, farinha de lula, etc.) têm sido aplicadas com sucesso na BFT (Ray *et al.*, 2010b), conduzindo a um mercado "verde" oportunidades.

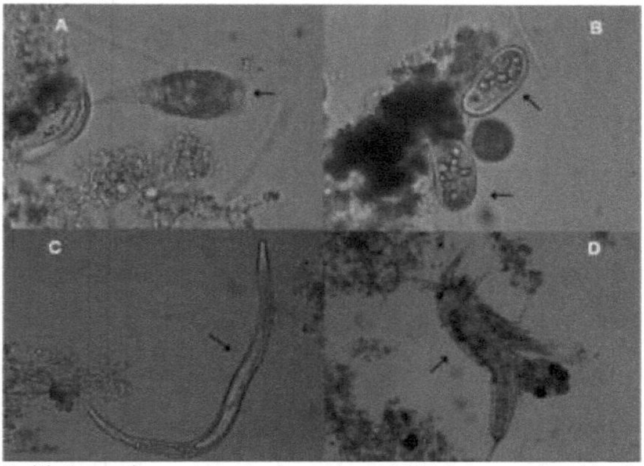

Fig (2): Grazers frequentemente observados na BFT, tais como protozoários flagelados (A), protozoários ciliados (B), nemátodos (C) e copépodes (D) (ampliação de 10x) (Fonte: Emerenciano *et al.*, 2013)

No que diz respeito à manutenção da qualidade da água, o controlo da comunidade bacteriana sobre os microrganismos autotróficos é conseguido através de uma elevada relação carbono/azoto (C:N), cujos subprodutos azotados podem ser facilmente absorvidos pelas bactérias heterotróficas. A elevada relação carbono/azoto é necessária para garantir um crescimento ótimo das bactérias heterotróficas, que utilizam esta energia para a sua manutenção; respiração, alimentação, movimento, digestão, crescimento e produção de novas células. Uma concentração elevada de carbono na água pode ultrapassar a capacidade de assimilação de carbono das algas, contribuindo para o crescimento das bactérias. Os microrganismos aeróbios são eficientes na conversão de alimentos em novo material celular (40-60% de eficiência de conversão), ao contrário dos organismos superiores que gastam cerca de 10-15% para aumentar de peso (Avnimelech, 2012). As bactérias e outros microrganismos actuam como "sistemas bioquímicos" muito eficientes para degradar e metabolizar resíduos orgânicos. Por outras palavras, reciclam de forma muito eficiente os nutrientes sob a forma de matéria orgânica e inorgânica (alimentos não consumidos e não digeridos, resíduos metabólicos e fontes de carbono aplicadas como fertilizantes) em novas células microbianas.

O equilíbrio entre o fitoplâncton, o zooplâncton e as bactérias benéficas durante o processo de cultura desempenha um papel crucial na manutenção da saúde do tanque. Os probióticos também têm sido utilizados em grande escala como produtos de limpeza dos tanques em aquacultura. As bactérias probióticas absorvem ou decompõem diretamente a matéria orgânica ou o material tóxico e melhoram a qualidade da água. As culturas microbianas produzem uma variedade de enzimas como a amilase, protease, lipase, xilanase e celulose em concentrações mais elevadas do que as bactérias nativas, o que ajuda a degradar os resíduos. Estas bactérias têm uma vasta gama de tolerância à salinidade, temperatura e pH, que são o ambiente normal das operações de aquacultura. A utilização de antibióticos em aquacultura é proibida devido aos possíveis efeitos secundários dos antibióticos nos alimentos marinhos. Por conseguinte, recomenda-se a utilização de probióticos para contrariar o efeito das infecções virais e bacterianas na aquicultura comercial. Os probióticos de lago também têm uma mistura especial de bactérias desnitrificantes que removem a fonte primária de alimento das algas, nomeadamente o azoto, da água do lago. Esta redução drástica da concentração de azoto dificulta a proliferação das algas. O conceito de probiótico foi alargado para incluir micróbios na alimentação destinados a decompor os granulados de ração não consumidos.

7.2. Tecnologia de aquacultura baseada no perifíton (PBAT)

O perifíton é constituído por grupos de microrganismos que vivem em substratos submersos. Este grupo inclui algas, bactérias filamentosas, protozoários e microrganismos que nadam livremente, como os rotíferos. Azim *et al.*

(2002) descreveu o perifíton como um conjunto de organismos que crescem nas superfícies livres de objectos submersos como postes de madeira ou bambu na água e que os cobrem com um revestimento viscoso (biofilme). O perifíton constitui uma parte importante da produção de algas bentónicas nos ecossistemas aquáticos pouco profundos. No entanto, é comum pensar-se que a comunidade fitoplanctónica é a mais importante em termos de fixação de energia e de alimentação da teia alimentar. Uddin (2007) demonstrou que as macrófitas e o perifíton são significativos e, muitas vezes, o fator dominante da produção primária nos ecossistemas aquáticos.

Conceitos e aplicação da tecnologia de aquacultura baseada no perifíton (PBAT)

A introdução de substratos na coluna de água para favorecer o crescimento de biofilmes e perifíton é utilizada para aumentar a produtividade natural de uma massa de água e criar alimentos para os organismos aquáticos cultivados. Esta tecnologia foi adaptada para a aquacultura em pequenos lagos e lagoas onde os subprodutos agrícolas para melhorar a via heterotrófica são escassos ou não estão disponíveis Qualidade da água. Isto prova que a aquacultura baseada no perifíton é uma tecnologia adequada, que pode reduzir os custos e permitir uma produção de peixe orgânico economicamente viável. O biofilme é considerado como uma fonte de nutrição para peixes. De acordo com Jacob *et al.* (2014), o perifíton contém 27,19% de proteína bruta, 18% de lípidos e 52% de hidratos de carbono, o que indica que o perifíton é nutricionalmente melhor do que a maioria dos alimentos comerciais utilizados para o cultivo de *O. niloticus*. A tecnologia do perifíton permite obter uma taxa de crescimento específico da tilápia do Nilo de até 5,61%. Esta tecnologia é barata e é apropriada para os piscicultores, especialmente nos países em desenvolvimento. Além disso, o perifíton é considerado como uma vacina viva
(probiótico) e agentes anti-incrustantes em que o perifíton pode atuar como antibiótico contra uma variedade de bactérias incrustantes.

Composição em nutrientes do perifíton

A qualidade e a disponibilidade dos nutrientes no perifíton variam em função de vários factores, como a pressão de pastoreio, a composição taxonómica das algas e das bactérias, o nível de nutrientes do ambiente, a pureza do ambiente e, sobretudo, o tipo de substrato.

Efeito do perifíton na qualidade da água

Nos tanques de aquacultura tradicionais, a nitrificação ocorre principalmente na superfície do sedimento e é limitada não só pela área de superfície mas também pela disponibilidade de oxigénio. Além disso, as bactérias heterotróficas de crescimento rápido podem limitar o espaço necessário para as bactérias nitrificantes quimioautotróficas de crescimento lento. Se a nitrificação for insuficiente, pode desenvolver-se a toxicidade do amoníaco, que continua a ser uma das principais limitações à intensificação da aquicultura em tanques. Nos tanques com substrato, as bactérias nitrificantes desenvolvem-se nos substratos que se encontram na coluna de água, onde há mais oxigénio disponível do que na interface água-sedimento. Por conseguinte, os biofilmes perifíticos aumentam a nitrificação, mantendo baixos os níveis de amoníaco.

Manipulação genética em biofilmes bacterianos

As abordagens moleculares para caraterizar a estrutura e o desenvolvimento de biofilmes oferecem um potencial considerável para encontrar novas estratégias de prevenção de bioincrustações e doenças e para aumentar a produtividade aquática. É agora possível determinar os genes e as vias envolvidas na regulação e síntese de polímeros adesivos bacterianos e antigénios de virulência. Foram realizados progressos consideráveis na compreensão da natureza e da expressão dos polímeros de superfície e das vacinas bacterianas produzidas por microrganismos como as espécies de *Rhizobium* fixadoras de azoto e o agente patogénico oportunista *Pseudomona aeruginosa*, etc. Podem ser aplicadas abordagens semelhantes às bactérias do biofilme marinho, para encontrar os determinantes genéticos da produção de adesivos e os factores ambientais que regulam a síntese.

Espera-se que a biotecnologia venha a desempenhar um papel prometedor na nutrição dos peixes no futuro. Um dia, serão transferidos genes que permitem aos peixes digerir e utilizar alimentos pobres em nutrientes. Uma vez conseguido este objetivo, os peixes marinhos poderão utilizar a quitina e utilizar eficazmente fontes pobres de proteínas, como as penas de galinha. Isto reduzirá os custos de alimentação e de produção.

Referências

Abedi E. e Sahari M.A. (2014). Fontes de ácidos gordos poli-insaturados de cadeia longa e avaliação das suas propriedades nutricionais e funcionais. Food Science & Nutrition, 2(5): 443-463

Ahmad M.H. e Abdel-Tawwab M., (2011). A utilização de farinha de sementes de cominho como aditivo alimentar em dietas para peixes: desempenho de crescimento, utilização de alimentos e composição de corpo inteiro de tilápia do Nilo, Oreochromis niloticus (L.) alevins. Aquaculture 314 (1-4): 110-114.

Alliot E., Pastoureaud A. e Nedelec J. (1979). Etude de l'apport calorique et du rapport calorico-azoté dans l'alimentation du bar, Dicentrarchus labrax. Influence sur la croissance et la composition corporelle. Proc. World Symp. on Finfish Nutrition and Fishfeed Technology, Hamburg, 1978 (eds. J. Halver e K. Tiews), Heenemann, Berlin, vol. I, pp. 241251.

Apt K.E. e Behrens W.B. (1999). REVISÃO DOS DESENVOLVIMENTOS COMERCIAIS NA BIOTECNOLOGIA DE MICROALGAS. J. Phycol. 35: 215-226.

Autin M. (1997). Fabrico e produção comercial de alimentos para animais aquáticos. In: Tacon, A. & Basurco, B. (eds). Actas do workshop, Alimentar os peixes de amanhã. 24-26 de junho de 1996, Mazarron, Espanha. Cahiers Options Méditerranéennes, 22: 79-104.

Avnimelech Y. (2012). Biofloc Technology - A Practical Guide Book, 2ª ed. The World Aquaculture Society, Baton Rouge, Louisiana, EUA. 272p

Ayyappan S. 1994. Microbial technology for aquaculture. Micróbios para uma vida melhor. MICON-94 & 35ª Conferência da AMI 545-551.

Azim M.E., Verdegem M.C.J., Khatoon H., Wahab M.A., VanDam A.A., Beveridge M.C.M. et al. (2002). Comparação da fertilização, alimentação e três substratos de perifíton para aumentar a produção de peixe em aquacultura de água doce no Bangladesh. Aquaculture, 212: 227-243.

Bamji M. S.e Lakshami A. V. (1998). Deficiências de mincronutrientes menos reconhecidas na Índia. Bull Nutr. Found. India 19 (2): 5-8.

Bauer E., Williams B.A., Smidt H., Mosenthin R. e Verstegen M.W.A. (2006). Influence of dietary components on development of the microbiota in single-stomached species (Influência dos componentes da dieta no desenvolvimento da microbiota em espécies de estômago único). Nutr. Res. Rev., 19: 63-78.

Baylan M., Mazi G. e Gündoğdu S. (2015). Aplicações de biotecnologia na nutrição de peixes. Jornal Turco de Agricultura - Ciência e Tecnologia de Alimentos, 3(3): 112-116

Bell M.V., Henderson R.J. e Sargent J.R. (1986). The role of polyunsaturated fatty acids in fish. Comp. Biochem. and Physiol., 4: 711-719.

Berge G. e Storebakken T. (1996). Fish protein hydrolysate in starter diets for Atlantic salmon (Salmo salar) fry. Aquaculture, 145, 205-212

Betancor M.B., Caballero M.J., Terova G, Saleh R., Atalah E., Benítez-Santana T., Bell J.G.e Izquierdo M. (2012). A inclusão de selénio diminui os indicadores de stress oxidativo e as lesões musculares em larvas de robalo alimentadas com microdietas com elevado teor de DHA.Br J Nutr. ; 108(12):2115-28.

Boling S.D., Webel D.M., Mavromichalis, I., Parson, C.M. e Baker, D.H, (2000). The effects of citric acid on phytate-phosphorus utilization in young chicks and pigs. Journal of Animal Sciences 78: 682-68.

Brower V. (1998). Nutracêuticos: prontos para uma fatia saudável do mercado dos cuidados de saúde? Nat. Biotechnol. 16:728-731.

Caballero M.J., Izquierdo M.S., KjOrsvik E., Montero D., Socorro J., Fernandez A.J. e Rosenlund G. (2003). Aspectos morfológicos das células intestinais da dourada (Sparus aurata) alimentada com dietas contendo diferentes fontes de lípidos. Aquaculture, 225: 325-340.

Cho C.Y. e Kaushik S.J. (1990). Nutritional energetics in fish: Utilização de energia e proteínas na truta arco-íris (Salmo gairdneri). World Review Nutrition Dietetics 61, 132-172.

Cho C.Y., Cowey C.B. e Watanabe T. (Eds.) (1985). Finfish Nutrition in Asia. Methodological Approaches to Research and Development. Int. Dev. Res. Cent., Ottawa, Canda, PP 154.

Clarke B.V., (1998). Dedos de zinco em Caenorhabditis elegans: Finding Families and Probing Pathways, Science, 282: 2018-2022

Cuellar-Bermudez S. P., Aguilar-Hernandez I., Cardenas-Chavez D. L., Ornelas-Soto N., Romero-Ogawa M. A.e Parra-Saldivar R. (2014). Extração e purificação de metabólitos de alto valor de microalgas: lipídios essenciais, astaxantina e ficobiliproteínas. Microb Biotechnol, 8(2):190- 209.

Dhert P., Rombaut G.e Sorgeloos P. (2001). Avanço das técnicas de cultura e manipulação de rotíferos na Europa. Aquaculture 200:129-146.

Dias J., Gomes E.F. e Kaushik S.J. (1997). Melhoria do consumo de ração através da suplementação com uma mistura de atractivos em robalos alimentados com dietas ricas em proteínas vegetais. Aquatic Living Resources 10, 385-389.

El-Dakar A.Y., Shalaby S.M., Nemetallah B.R., Saleh N.E., Sakr E.M., Toutou M.M. (2015). Possibilidade de utilização de suplemento de manjericão (Ocimum basilicum) na dieta da dourada (*Sparus aurata*). Egyptian Journal of Aquatic Research 41, 203-210.

El-kerdawy A. e Salama A. (1997). Efeito das fontes de lípidos da dieta no crescimento e na composição em ácidos gordos do peixe dourado (Sparus aurata). In: Tacon, A. e Basurco, B., (eds). Actas do workshop "Feeding tomorrow's fish". 24-26 de junho de 1996, Mazzaron, Espanha. Cahiers options Mediterraneennés, 22: 235-241.

Emerenciano M., Gaxiola G. e Cuzon G. (2013). Tecnologia de Bioflocos (BFT): Uma Revisão para Aplicação em Aquacultura e Indústria de Alimentos para Animais http://dx.doi.org/10.5772/53902

Ensminger M.E. e Olentine C.G. (1981). Nutrient requirements of warm water fishes and shell fishes (revised ed.). National Academy Press, Washington D.C. pp: 13-16.

Estensoro I., Josep A. Calduch-Giner a, Sadasivam Kaushik b, Jaume Pérez-Sanchez a, Ariadna Sitjà-Bobadilla (2012). Modulação da expressão do gene IgM e distribuição de células imunorreativas IgM pelo fundo nutricional em dourada (Sparus aurata) desafiada com Enteromyxum leei (Myxozoa). Fish & Shellfish Immunology 33: 401-410

Fang L., Liang X.F., Zhou Y., Guo X.Z., He Y., Yi T.L., Liu L.W., Yuan X.C.e Tao Y.X. (2014). Efeitos de programação da alimentação de larvas com alto teor de carboidratos no metabolismo da glicose em adultos no peixe-zebra, Danio rerio. Br J Nutr. 111, 808818.

FAO (Organização das Nações Unidas para a Alimentação e a Agricultura) (2007). Estudo e análise de rações e fertilizantes para o desenvolvimento sustentável da aquacultura. FAO Fisheries and Technical Paper 497. Organização das Nações Unidas para a Alimentação e a Agricultura, Roma, Itália.

Fournier V., Gouillou-Coustans M.F. e Kaushik S.J. (2000). Hepatic ascorbic acid saturation is the most stringent response criterion for determining the vitamin C requirement of juvenile European sea bass (Dicentrarchus labrax). Journal of Nutrition 130, 617-620.

Fournier V., Huelvan C. e Desbruyeres E. (2004). Incorporação de uma mistura de alimentos vegetais como substituto da farinha de peixe na dieta de juvenis de pregado (*Psetta maxima*). Aquaculture. 236:451-465.

Galindo-Villegas J. e Hosokawa (2004). Imunoestimulantes: Rumo à prevenção temporária de doenças em peixes marinhos. In: Cuez Suarez, L.E., Ricque Marie, D., Nieto Lopez, M.G., Villarreal, D., Scholz, U. Y Gonzalez, M. Avances en Nutricion Acuicola. VII. Memorias del VII Simposium Internacional de Nutricion A. 16-19 Noviembre, 2004. Hermosillo, Sonora, México

Ganuza E., Benítez-Santana T., Atalah E., Vega-Orellana O, Ganga R e Izquierdo M.S. (2008). Crypthecodinium cohnii e Schizochytrium sp. como potenciais substitutos dos óleos derivados da pesca em microdietas de dourada (Sparus aurata). Aquaculture277: 109-116.

Gatesoupe F. J. (1999). O uso de probióticos em aquacultura: uma revisão. Aquaculture 180: 147-165.

Geurden I., Mennigen J., Plagnes-Juan E., Veron V., Cerezo T., Mazurais D., Zambonino-Infante J., Gatesoupe J., Skiba-Cassy S. e Panserat S. (2014). Proporções altas ou baixas de carboidratos: proteínas na dieta durante a primeira alimentação afetam o metabolismo da glicose e a microbiota intestinal na truta arco-íris juvenil. J Exp Biol. 217, 3396-3406.

Ghosh K., Chakraborty K., Sen S.K. e Ray A.K. (2001). Effects of thermo stable bacterial α-amylase on growth and feed utilization in rohu, Labeo rohita (Hamilton) fingerlings. The Israeli Journal of Aquaculture 53(3-4): 101 109.

Gong G., Xue M., Wang J., Wu X.-f., Zheng Y.-h., Han F., Liang X.-f., Su X.-o. (2015). A regulação da gluconeogénese no esturjão siberiano (Acipenser baerii) afetada mais tarde na vida por uma programação de curto prazo com alto teor de glicose durante o início da vida. Aquaculture. 436, 127-136.

Gonzalez M.M., Izquierdo M.S., Salhi, M., Hernandez-Cruz C.M. e Fernandez-Palacios H. (1995). Vitamina E dietética para larvas de Sparus aurata. In: Simpósio de larvicultura de peixes e crustáceos. Publicação especial. No. 15, Gent. Bélgica.

Gopakumar K. (2003). Indian aquaculture. Journal of Applied Aquaculture, 13(1/2): 1-10

Gouveia A. e Davies S.J. (2000). Inclusão de uma farinha extrudida de sementes de ervilha descascadas em dietas para juvenis de robalo europeu (Dicentrarchsu labrax). Aquaculture

182, 183-193.

Güroy B. K., Cirik S., Güroy D., Sanver F. e Tekinay A.A. (2007). Efeitos das farinhas de Ulva rigida e Cystoseira barbata como aditivo alimentar no desempenho do crescimento, utilização da ração e composição corporal da tilápia do Nilo, Oreochromis niloticus. Turkish Journal of Veterinary and Animal Science 31(2): 91-97.

Halver J.E. (2002). Em Fish Nutrition, 3rd Ed. Capítulo 2: As Vitaminas. Editado por J. E. Halver e R. W. Hardy New York, NY: Academic Press, pp. 61-141.

Hasan M.R. (2001). Nutrição e alimentação para o desenvolvimento sustentável da aquacultura no terceiro milénio. In: Actas técnicas da Conferência sobre Aquacultura no terceiro milénio. Banguecoque, Tailândia, 2001.pp 193-219.

Henry M., Gasco L.b, Piccoloc G. e Fountoulaki E. (2015). Revisão sobre a utilização de insectos na dieta de peixes de viveiro: Past and future. Animal Feed Science and Technology 203: 1-22.

Hepher B. (1990). Nutrition of pond fishes (Nutrição de peixes de lago). Cambridge University Press, (U.K.) 388 p.

Hernandez-Serrano P. (2005). Responsible use of antibiotics in aquaculture (Utilização responsável de antibióticos na aquicultura). FAO Fisheries Technical Paper 469, p. 97. Organização das Nações Unidas para a Alimentação e a Agricultura, Roma, Itália.

Herrero M., Jaime L., Marfin-Alvarez P.J, Cifuentes A. e Ib'a~nez E. (2006). "Otimização da extração de antioxidantes da microalga Dunaliella salina por líquidos pressurizados", Journal of Agricultural and Food Chemistry, vol. 54, n.º 15, pp. 5597-5603

Ibeas C., Izquierdo M.S. e Lorenzo A. (1994). Efeito de diferentes níveis de ácidos gordos n-3 altamente insaturados no crescimento e na composição em ácidos gordos de juvenis de dourada (Sparus aurata). Aquaculture, 127 (2/3): 177-188.

Izquierdo M.S., , Robaina L., Juárez-Carrillo E. ,Oliva V., Hernández-Cruz C. M.M. e Afonso J.M. (2008). Regulação do crescimento, composição de ácidos gordos e expressão da delta 6 dessaturase pelos lípidos da dieta em larvas de dourada (Sparus aurata) Fish Physiology and Biochemistry, 34(2): 117-127.

Izquierdo M.S., Fernandez-Palacios ae Tacon, A.G.J. (2001). Effect of broodstock nutrition on reproductive performance of fish. Aquaculture, 197: 25-42.

Izquierdo M.S., Socorro J., Arantzamendi L. e Hernandez-Cruz, C.M. (2000). Avanços recentes na nutrição lipídica em larvas de peixes. Fish Physiol. and Bioch., 22: 97-107

Izquierdo M.S., Turkmen S., Montero D., Zamorano, M.J., Afonso, J.M. , Karalazos, V. e Fernández-Palacios H. (2015). NUTRICIONAL PROGRAMAÇÃO ATRAVÉS DE REGIMES DE CRIAÇÃO DE REPRODUTORES PARA MELHORAR UTILIZAÇÃO DE DIETAS MUITO BAIXAS DE CARNE DE PEIXE E ÓLEO DE PEIXE EM PEIXES DO MAR DE GILTHEAD, Aquaculture, doi: 10.1016/j.aquaculture.2015.03.032.

Izuierdo M.S., Obach A., Arantzamendi L., Montero D., Robaina L. e Rosenlund G. (2003). Fontes de lípidos na dieta da dourada e do robalo: Desempenho do crescimento, composição dos tecidos e qualidade da carne. Aquacul. Nutr., 9: 397-407.

Jacob O. A., Priscilla N. B., Jonathan M. M., Paul S. O. e Erick O.O. (2014). O potencial da aquicultura baseada em perifíton para a produção de tilápia do nilo (Oreochromis niloticus L.). Revista Internacional de Pescas e Estudos Aquáticos, 2(1): 147-152.

Jongbloed A.W., Mroz Z., Weij-Jongbloed R.V. e Kemme P.A. (2000). The effects of microbial phytase, organic acids and their interaction in diets for growing pigs. Livestock Production Science 67: 113-122.

Kang M., Morsy N., Jin X., Lupu F.e Akbarali H. I.(2004). Expressão proteica e genética das isoformas do canal Ca2+ no cólon murino: efeito da inflamação. Pfl ugers Arch. 449: 288-297.

Kaur S., Kaur S.P., Kaur P. e Prasad N. (2012). RADICAIS LIVRES E ANTIOXIDANTES (NUTRACÊUTICOS): UMA BÊNÇÃO PARA A SAÚDE HUMANA. International Journal of Natural Product Science, Spl Issue 1:175.

Kaushik S. (2015). Reunião Geral Anual da EATiP , Bruxelles, 28 de abril de 2015

Kiessling, A., Olsen, R., Pickova, J. e Ringo, E. (2001). Vantagens e desvantagens da utilização de óleos vegetais para salmonídeos. In: Conferência e Exposição Internacional Trienal da Sociedade Mundial de Aquacultura. janeiro, 21-25, 2001, Lake Buena Vista, Florida, (Livro de Resumos, *pp*.330).

Kissil G. Wm., Lupatsch I., Higgs D.A. e Hardy R.W. (2000). Substituição na dieta de concentrados proteicos de soja e colza por farinha de peixe e seus efeitos no crescimento e utilização de nutrientes em dourada, Sparus aurata L. Aquaculture Research, 31: 595-601

Kissil G.Wm. (1991). Dourada do mar, Sparus aurata. In: Wilson, R.P. (ed), CRC Handbook of Nutrient Requirements of Finish. CRC press, Boca Raton, USA, P.83-88.

Koh C., Romano N., Zahrah A.S. e Ng W. (2016). Efeitos de uma mistura de ácidos orgânicos da dieta e oxitetraciclina no crescimento, utilização de nutrientes e microbiota intestinal total cultivável da tilápia híbrida vermelha, Oreochromis sp. e resistência a Streptococcus agalactiae. Aquaculture Research, 47: 357-369

Kolkovoski S., Arieli A. e Tandler A. (1997). As pistas visuais e químicas estimulam a ingestão de microdietas em larvas de dourada, Sparus aurata. Aquatic. Int., 5: 527-536.

Kolkovski S., Czensny S. e Dabrowski K (2000). Utilização de hidrolisado de krill como atrativo alimentar para larvas e juvenis de peixes. Journal of the world Aquaculture society, 31: 81-88.

Kozasa M. (1986). Toyocerin (Bacillus toyoi) como promotor de crescimento para alimentação animal. Microbiol. Aliment. Nutr. 4: 121-135.

Kuhn D.D., Boardman G.D., Lawrence A.L., Marsh L.e Flick G.J. (2009). Os flocos microbianos gerados em bioreactores são um ingrediente de substituição superior à farinha de peixe ou de soja na alimentação do camarão. Aquaculture 296:51-57.

Kulshreshtha A., Zacharia A.J., Jarouliya U., Bhadauriya P., Prasad G.B.K.S., Bisen P.S. (2008). Spirulina na gestão dos cuidados de saúde. Curr Pharm Biotechno, 9: 400-405

Kwasek K., Terova G., Lee B., Bossi E., Saroglia M. e Dabrowski K. (2014). A suplementação de metionina na dieta altera a expressão de genes envolvidos no metabolismo da metionina em salmonídeos. Aquaculture 433: 223228

Lakra W.S. e Ayyappan S. (2003). Recent Advances in Biotechnology Applications to Aquaculture, Asian-Aust. J. Anim. Sci., 16: 3: 455-462

Lall SP (1991). Digestibilidade, metabolismo e excreção do fósforo dietético em peixes Nutr. Strateg. Aquac. Waste, pp. 21-36

Lara-Flores M., Olvera-Novoa M.A., Guzman-Méndez B.E.e López-Madrid W. (2003). Utilização das bactérias Streptococcus faecium e Lactobacillus acidophilus, e da leveduraSaccharomyces cerevisiae como promotores de crescimento na tilápia do Nilo (Oreochromis niloticus). Aquaculture; 216: 193-201.

Lauzon H.I., Dimitroglou A., Daniel L., Merrifield D. L., Ring 0 E. e Davies S. J. (2014). Probióticos e prebióticos: Conceitos, Definições e História. Nutrição em Aquacultura: Saúde intestinal, probióticos e prebióticos, primeira edição. Editado por DanielMerrifield e Einar Ring0. Publicado em 2014 por John Wiley & Sons, Ltd.

Lee C. (2003). Biotechnological advances in finfish hatcheries production. Aquaculture, 227: 439-458.

Leuchtenberger W., Huthmacher K.e Drauz K. (2005). Produção biotecnológica de aminoácidos e derivados: estado atual e perspectivas. Applied Microbiology and Biotechnology, 69(1): 1-8.

Li H.-B., Cheng K.-W, Wong C.-C., Fan K.-W., Chen F. e Jiang Y. (2007). "Avaliação da capacidade antioxidante e do conteúdo fenólico total de diferentes fracções de microalgas selecionadas", Food Chemistry, vol. 102 (3): 771-776

Lim, C. (2002). Nutritional requirements of European sea bass (Dicentrarchus labrax) and sea bream (Sparus aurata). USDA-ARS, MSA, Aquatic Animal Health Research Laboratory, relatório especial.

Mackie A.M. e Mitchell A.I. (1985). Identification of gustatory feeding stimulants for fish - application in aquaculture, in Nutrition and Feeding in Fish (eds C.B. Cowey, A.M. Mackie and J.G. Bell), Academic Press, London, pp. 177-90.

Manning T.S. e Gibson G.R. (2004). Prebióticos. Best Pract. Res. Clin. Gastroenterol, 18: 287-298.

Mao W., Li H., Li Y., Zhang H., Qi X. e Sun H. (2009). Caraterísticas químicas e atividade anticoagulante do polissacárido sulfatado isolado de Monostroma latissimum (Chlorophyta). Revista Internacional de Macromoléculas Biológicas, 44:70-74.

Marshall B.M. e Levy S.B. (2011). Animais destinados à alimentação humana e antimicrobianos: impactos na saúde humana. Clinical Microbiology Reviews 24, 718-733.

Muzaifa M., Safriani N., Zakaria F. (2012). Produção de hidrolisados proteicos a partir de subproduto de peixe preparado por hidrólise enzimática. Revista Internacional da Sociedade de Biofluxo, 5(1): 36-39.

McLean E. e Devlin R.H. (2000). Application of biotechnology to enhance growth of salmonids and other fi sh. In: Recent Advances in Marine biotechnology. M. Fingerman e R.

Nagabhushnam (eds), pp. 17-55.

Mennigen J. A., Panserat S., Larquier M., Plagnes-Juan E., Medale F., Seiliez I. e Skiba-Cassy S. (2012). Regulação pós-prandial de microRNAs hepáticos previstos para atingir a via da insulina na truta arco-íris. *PLoS ONE* 7, e38604.

Metailler R., Fébvre A. e Alliot E. (1973). Note preliminaire sur les acides amines essentiels du loup ou bar Dicentrarchus labrax Linnée. Études Rev. CGPH 52, 91-96.

Mienda B.S. e Idi A. (2011). Caraterísticas Microbiológicas da Fermentação em Estado Sólido e suas Aplicações. Uma visão geral. Desenvolvimento atual na fermentação em estado sólido Editado por Pandey A. et al., Springer.

Miller M.R., Nichols P.D. e Carter C.G. (2007) Substituição de óleo de peixe por óleo de thraustochytrid Schizochytrium sp. L em dietas de salmão do Atlântico (Salmo salar L). Comparative Biochemistry and Physiology A 148: 382-392

Montero D., Marrero M., Izquierdo M.S., Robaina L., Vergara J.M. e Tort L. (1999). Effect of vitamin E and C dietary supplementation on some immune parameters of gilthead sea bream (Sparus aurata) juveniles subjected to crowding stress. Aquaculture, 171(3/4): 269-278.

Montero D., Socorro J., Caballero M.J., Robaina L., Tort L. e Vergara J.M. (2000). Glomerulonefrites e imunossupressão em juvenis de dourada (Sparus aurata) alimentados com uma dieta deficiente em n-3 HUFA. In: Nono Simpósio Internacional sobre Nutrição e Alimentação de Peixes. 21-25 de maio de 2000, Miyazaki, Japão, (Livro de Resumos).

Montero D., Tort L., Robaina L., vergara J.M. e Izquierdo M.S. (2001). O baixo teor de vitamina E na dieta reduz a resistência ao stress dos juvenis de dourada (Sparus aurata). Fish & Shellfish Immunology, 11(6): 473-490.

Montero, D., Kalinowski, T., Obach, A. Robaina, L., Tort, L., Caballero, M.J. e Izquierdo, M.S. (2003). Fontes vegetais de lípidos para a dourada (Sparus aurata): Efeitos na saúde dos peixes. Aquaculture, 225: 353-370

Moriarty D.J.W. (1997). O papel dos microorganismos nos tanques de aquacultura. Aquaculture, 151:333-349.

Mostafa S.S.M. (2012). Ciência das plantas; Biotecnologia de microalgas: Perspectivas e Aplicações http://dx.doi.org/10.5772/53649

Mourente G., Good J.E. e Bell J.G. (2005). Substituição parcial do óleo de peixe por óleos de colza, linhaça e azeitona em dietas para robalo europeu (Dicentrarchus labrax L.): efeitos na composição de ácidos gordos da carne, prostaglandinas plasmáticas E2 e E2α, função imunitária e eficácia de uma dieta de acabamento com óleo de peixe. Aquacult. Nutri., 11: 25-40.

Müller M, Kersten S. (2003). Nutrigenómica: objectivos e estratégias. Nat Rev Genet, 4(4):315-22.

Na Y. S., Kim W.J., Kim S. M., Park J. W., Lee S. M. e Kim S. O. (2010). Purificação, caraterização e atividade imunoestimulante do polissacárido solúvel em água isolado de Capsosiphon fulvescens. International Immunopharmacology 10:364-370.

Nakagawa K, Kiko T, Miyazawa T, Burdeos G.C., Kimura F, Satoh A, Miyazawa T. (2011). Efeito antioxidante da astaxantina na peroxidação de fosfolípidos em eritrócitos humanos. Bri J Nutr., 105:1563-1571.

Ng W.K. e Koh C.B. (2011). Aplicação de ácidos orgânicos em rações aquáticas: impactos no crescimento dos peixes, utilização de nutrientes e resistência a doenças. In: Standards for Acidifiers, Principles for the Use of Organic Acids in Animal Nutrition (ed. por C. Luckstadt), pp. 49-58. Nottingham University Press, Nottingham, Reino Unido.

Nikoskelainen S., Ouwehand A.C., Bylund G., Salminen S. e Lilius E.M. (2003). Melhoria imunitária na truta arco-íris (Oncorhynchus mykiss) por potenciais bactérias probióticas (Lactobacillus rhamnosus). Fish Shellfish Immunol, 15(5):443-52.

Norambuena F., Hermon K., Skrzypczyk V., Emery J.A., Sharon Y.e Beard A.G.M. (2015). Algas na alimentação de peixes: Desempenhos e Metabolismo de Ácidos Gordos no Salmão Atlântico Juvenil. PlOS one http://dx.doi.org/10.1371/journal.pone.0124042

NRC (Conselho Nacional de Investigação) (1983). Nutrient requirements of warm water fishes and shell fishes (Revised ed.). National Academy Press, Washington D.C: 1-383

Oliva-Teles A., Pereira J.P., Gouveia A. e Gomes E. (1998). Utilização de dietas suplementadas com fitase microbiana por juvenis de robalo (Dicentrarchus labrax). Recursos Vivos Aquáticos 11, 255-259.

Olsen R. E., R. Myklebust R., E. Ring0 E. e Mayhew T. M. (2000). The influences of dietary linseed oil and saturated fatty acids on caecal enterocytes in Arctic char (Salvelinus alpinusL.): a quantitative ultrastructural study. Fish Physiology and Biochemistry 22: 207-216.

Olsen R.E., Henderson R.J., Sountama J., Hemre G-I, Ring0 E., Melle W. et al. (2004). O salmão do Atlântico, Salmo salar, utiliza eficazmente o óleo rico em ésteres de cera de Calanus finmarchicus. Aquaculture 240: 433-449.

Panjaitan P. (2004). Estudo de campo e de laboratório da cultura de Penaeus monodon com troca de água zero e modelo de troca de água limitada usando melaço como fonte de carbono. Tese de doutoramento, Charles Darwin Univ., Darwin, NT, Austrália.

Ponce N. M., Pujol C.A., Damonte E. B., Flores M. L. e Stortz C.A. (2003). Fucoidanos da alga marinha castanha Adenocystis utricularis: Métodos de extração, atividade antiviral e estudos estruturais. Carbohydrate Research 338:153-165.

Priyadarshani I. e Rath B. (2012. "Aplicações comerciais e industriais de microalgas - uma revisão", Journal of Algal Biomass Utilization, 3(4): 89100, 2012.

Pulz O. e Gross W. (2004). Valuable products from biotechnology of microalgae. Appl Microbiol Biotechnol (2004) 65: 635-648.

Quilliam M.A. (1999). Desenvolvimentos recentes na química analítica das toxinas marinhas. Can. Tech. Rep. Fish. Aquat. Sci. 2261, p. 120

Ramanathan, N. (2003). Diversidade de Rotifer de tanques de peixes em estrume de resíduos de gado, Simpósio de aquacultura, livro de resumos da América, 18-21 de fevereiro de 2003. Louisville, Kentochy. pp92.

Ran C, Huang L, Liu Z, Xu L, Yang Y, et al. (2016). Uma comparação dos efeitos benéficos da levedura de padeiro viva e inativada pelo calor na tilápia do Nilo: Sugestões sobre o papel e a função dos metabolitos secretórios libertados pela levedura. PLOS ONE 11(3): e0151207. doi:
10.1371/journal.pone.0151207

Ray A.J., Lewis B.L., Browdy C.L.e Leffler J.W. (2010b). Remoção de sólidos suspensos para melhorar a produção de camarão (Litopenaeus vannamei) e uma avaliação de um alimento à base de plantas em sistemas de cultura superintensivos de troca mínima. Aquaculture 299: 89-98.

Ray A.J., Seaborn G., Leffler J.W., Wilde S.B., Lawson A. e Browdy C.L. (2010a). Caracterização das comunidades microbianas em sistemas de aquacultura intensiva de troca mínima e os efeitos da gestão de sólidos suspensos. Aquaculture 310:130-138.

Robert S.S. (2006). Produção de óleos contendo ácido eicosapentaenóico e docosahexaenóico em plantas terrestres transgénicas para nutrição humana e aquacultura. Biotecnologia Marinha 8:103-109.

Rodriguez M. G., Pohlenz C. e Gatlin III D. M. (2016). Suplementação de ácidos orgânicos e extractos de algas na dieta do tambor vermelho Sciaenops ocellatus: impactos imunológicos Aquaculture Research, 6: 1-9

Roy T., Mondal S. e Ray A.K. (2009) Phytase-producing bacteria in the digestive tracts of some freshwater fish. Aquaculture Research, 40: 344353

Ruperez P., Ahrazem O. e Leal A. (2002). Potencial capacidade antioxidante dos polissacáridos sulfatados da alga castanha marinha comestível Fucus vesiculosus. Journal of Agriculture and Food Chemistry 50:840845.

Sakari M. (1999). Situação atual da investigação sobre imunoestimulantes para peixes. Aquaculture, 127: 63-92.

Saleh N.E., Shalaby S.M., Sakr E.M, Abd Elmonem A.I. e Michael F.R. (2014). Efeito da Inclusão Dietética de Ulva fasciata no Crescimento da Tilápia Híbrida Vermelha e na Composição da Carcaça. Jornal de Aquacultura Aplicada, 26:197-207.

Salhi M., Izquierdo M.S., Hernandez-Cruz C.M., Gonzales M. e Fernandez-Palacios H. (1994). Effect of lipid and n-3 HUFA levels in microdiets on growth, survival and fatty acid composition of larval gilthead sea bream (Sparus aurata). Aquaculture, 124: 275-282.

Sandnes K., Torrissen O. e Waagb0 (1992). The minimum dietary requirement of vitamin C in Atlantic salmon (Salmo salar) fry using Ca- ascorbate 2-monophosphate as dietary source. Fish Physiology and Biochemistry, 10:315-319.

Sargent J.R., Tocher D.R. e Bell J.G. (2002). Os Lípidos. In: Fish Nutrition, 3rd Edn., Halver, J.E. e Hardy, R.W. (eds). Elsevier, EUA. pp: 181-257.

Sarker M.S.A., Satoh S., Kamata K., Haga Y. e Yamamoto Y. (2012). Efeito(s) da suplementação de ácidos orgânicos e/ou lípidos em dietas à base de plantas no crescimento e na excreção de azoto e fósforo de juvenis de rabo amarelo, Seriola quinqueradiata Temminck et Schlegel 1845. Aquaculture Research 43, 538-545.

Seiliez I., Panserat S., Lansard M., Polakof S., Plagnes-Juan E., Surget A., Dias K., Larquier M., Kaushik S. e Skiba-Cassy S. (2011). A relação entre hidratos de carbono e proteínas da dieta afecta a sinalização TOR e a expressão de genes relacionados com o metabolismo no fígado e no músculo da truta arco-íris após uma única refeição. *Am. J. Physiol.* 300, R733-R743.

Singh B, Gautan S.K., Chauhan S.K. e Singla S.K. (2015). Livro de texto de biotecnologia animal. Instituto de Energia e Recursos, Nova Deli, TERI press

Singh S.D., Nayak S.K., Sekar M. e Behera B.K. (2008). Aplicações da biotecnologia na aquacultura. Revista Aquaculture Asian, 17-23

Sommer T.R., Potts W.T. e Morrissy N.M. (1991). Utilização de astaxantina microalgal pela truta arco-íris (Oncorhynchus mykiss). Aquaculture, 94:79-88.

Spolaore P., Joannis-Cassan C., Duran E. e Isambert A. (2006). "Commercial applications of microalgae," Journal of Bioscience and Bioengineering, 101(2): 87-96.

Srivastava P. P., Thagare M.N., Rao D.R., A.Jain K.K. e A. Sinha A. (1994). Studies on the application of proteolytic enzyme, papain on dietary incorporation and its dose dependent influence in the digestion of protein ingredients and in increasing feed digestibility in Cyprinus carpio, Second Asia Pacific Conference on Agricultural Biotechnology, Madras, India, 160: 243.

Subasinghe R.P., Curry D., McGladdery S.E. e Bartley D. (2003). Recent technological innovations in aquaculture. Review of the State of World Aquaculture, FAO Fisheries Circular, 59-74.

Synytsya A., Kim W. J., Kim S.M., Pohl R. e Vasnicka F. (2010). Estrutura e atividade antitumoral do fucoidano isolado do esporofilo da alga coreana (Undaria pinnatifida). Carbohydrate Polymers 81:41-48.

Tacon A.G.J. (1997). Substitutos da farinha de peixe: revisão dos antinutrientes presentes nas sementes oleaginosas e leguminosas - um fator limitante para a revolução verde da alimentação aquática? In: Alimentar o peixe de amanhã. Cahiers Options Méditérranéenes (eds. A. Tacon e B. Basurco) 22, 153-182.

Tandler A.M. e Kolkovski (1991). Taxas de ingestão e digestibilidade como factores limitantes para o sucesso da utilização de microdietas no cultivo de larvas de Sparus aurata. In: P. Lavens, P. Sorgeloos, E.Jaspers e F. Ollevier (Editores), Larvi 91-Fish & Crustecean

Larviculture Symposium. Sociedade Europeia de Aquacultura, Publicação Especial nº 15, Ghnet, Bélgica Pp. 169-170.

Teitelbaum J.E. e Walker W.A. (2002). Impacto nutricional dos pré e probióticos como organismos protectores gastrointestinais. Annu. Rev. Nutr. 22: 107-138.

Terova G., Rimold S.i, Brambilla F., Gornati R., Bernardini G. e Saroglia M. (2009). Bio-Mos®: Um indutor eficaz da expressão do gene da dicentracina no robalo europeu (*Dicentrarchus labrax*). *Comparative Biochemistry and Physiology Part B: Biochemistry and Molecular Biology, Volume 152, Número 4, abril de 2009, Páginas 306-316.*

Torestene B.E., Dick J.R., Bell J.G., Tocher D.R. e Stubhaug I. (2005). Metabolismo dos ácidos gordos nos hepatócitos do salmão do Atlântico (*Salmo salar* L.) e influência do óleo vegetal da dieta. *Biochim.Biophys. Ata*. Jun. 1; 1734(3): 277-288

Torrecillas S., Makol A., Caballero M.J., Montero D., Robaina L., Real F., Sweetman J., Tort L. e Izquierdo M.S. (2007). Estimulação imunitária e melhoria da resistência à infeção no robalo europeu (Dicentrarchus labrax) alimentado com mananoligossacáridos Fish & Shellfish Immunology 23: 969-981.

Tuan N.A., Grizzle J. M, Lovell R.T., Manning B.B. e Rottinghaus G.E. (2002). Crescimento e lesões hepáticas da tilápia do Nilo (*Oreochromis niloticus*) alimentada com dietas contendo aflatoxina B1. Aquaculture 212: 311-319.

Turchini G. M., Torstensen B. E. e Ng W. K. (2009). Substituição de óleo de peixe na nutrição de peixes ósseos. Revisões em Aquacultura 1(1):10 - 57.

Uddin M.S. (2007). Cultura mista de tilápia (*Oreochromis niloticus*) e camarão de água doce (Macrobrachium rosenbergii) em tanques com perifíton. Tese de doutoramento , Universidade de Wageningen, Países Baixos.

Aquaculture Research 2007; 37:241-247.

Verchuere L., Rombaut G., Sorgeloos P. e Verstraete W. (2000). Bactérias probióticas como agentes de controlo biológico em aquacultura. Microbiology and Molecular Biology Reviews 64, 655-671

Vergara J.M., Fernandez-Palacios H., Robaina L., Jauncey K., De La Higuera M. e Izquierdo M. (1996). The effects of varying dietary protein level on the growth, Feed efficiency, protein utilization and body composition of gilthead sea bream fry. *Fisheries Science*, 62(4): 620-2-623.

Vergara J.M., López-Calero G., Robainá L., Caballero M.J., Montero D., Izquierdo M.S. e Aksnes A. (1999). Crescimento, utilização dos alimentos e teor de lípidos corporais da dourada (*Sparus aurata*) alimentada com níveis crescentes de lípidos e farinhas de peixe de diferentes qualidades. *Aquaculture*, 179(1-4): 35-44.

Watanabe T., Kiron V. e Satoh S. (1997). Trace minerals in fish nutrition. *Aquaculture*, 151(1-4): 185-207.

Webster C.D. e Lim C. (2002). Nutrient requirements and feeding of finfish for aquaculture (Necessidades de nutrientes e alimentação de peixes ósseos para aquacultura). CABI Publishing New York.

Winsor M. e Barlow S. (1981). Introduction to Fisheris By-products (Introdução aos subprodutos da pesca). Fishing News Books, 187 páginas

Wu G. (2009). Aminoácidos: metabolismo, funções e nutrição. Aminoácidos, 37(1):1-17

Xu Z.R., Hu C.H., Xia M S., Zhan X.A. e Wang M.Q. (2003). Efeitos do fruto-oligossacarídeo dietético nas actividades das enzimas digestivas, na microflora intestinal e na morfologia dos frangos de carne machos. Poult. Sci. 82:1030-1036.

Yaakob Z., Ali E., Zainal A., Mohamad M. e Takriff M.S. (2014). Uma visão geral: biomoléculas de microalgas para alimentação animal e aquicultura. Jornal de Pesquisa Biológica-Thessaloniki 4(21): 6.

Yildiz M. e Sener E. (2002). O efeito de rações contendo diferentes tipos de óleo na composição da gordura corporal e no desempenho do crescimento de juvenis de robalo (Dicentrarchus labrax). In: 10th Simpósio Internacional sobre Nutrição e Alimentação de Peixes "Feeding for Quality". junho, 2-7, 2002, Rhodes, Grécia. (Livro de Resumos).

Yılmaz S., Ergu" n. S.e Soytas. N. (2013). Suplementação dietética de cominho (Cuminum cyminum) prevenindo a doença estreptocócica durante a primeira alimentação da tilápia de Moçambique (Oreochromis mossambicus). J. BioSci. Biotech. 2 (2), 117-124.

Yone Y. (1976). Estudos nutricionais da dourada. *Relatório do Laboratório de Investigação Pesqueira, Universidade de Kyushu*, n.º 3: 87-101

Yuan J-P, Peng J., Yin K e Wang J-H (2011). Potenciais efeitos promotores de saúde da astaxantina: um carotenoide de alto valor proveniente principalmente de microalgas. Mol Nutr Food Res, 55:150-165.

More Books!

yes

I want morebooks!

Buy your books fast and straightforward online - at one of world's fastest growing online book stores! Environmentally sound due to Print-on-Demand technologies.

Buy your books online at
www.morebooks.shop

Compre os seus livros mais rápido e diretamente na internet, em uma das livrarias on-line com o maior crescimento no mundo! Produção que protege o meio ambiente através das tecnologias de impressão sob demanda.

Compre os seus livros on-line em
www.morebooks.shop

info@omniscriptum.com
www.omniscriptum.com

OMNIScriptum

MIX
Papier aus verantwortungsvollen Quellen
Paper from responsible sources
FSC® C105338

Printed by Books on Demand GmbH, Norderstedt / Germany